Stempel

Grundlagen
der Solarenergie

FRANZIS
DO IT YOURSELF

Ulrich E. Stempel

Grundlagen der Solarenergie

Schaltungen und Experimente rund um die Photovoltaik

Maßnahmen zur Leistungserhöhung!

Bibliografische Information der Deutschen Bibliothek

Die Deutsche Bibliothek verzeichnet diese Publikation in der Deutschen Nationalbibliografie; detaillierte Daten sind im Internet über **http://dnb.ddb.de** abrufbar.

Hinweis

Alle Angaben in diesem Buch wurden vom Autor mit größter Sorgfalt erarbeitet bzw. zusammengestellt und unter Einschaltung wirksamer Kontrollmaßnahmen reproduziert. Trotzdem sind Fehler nicht ganz auszuschließen. Der Verlag und der Autor sehen sich deshalb gezwungen, darauf hinzuweisen, dass sie weder eine Garantie noch die juristische Verantwortung oder irgendeine Haftung für Folgen, die auf fehlerhafte Angaben zurückgehen, übernehmen können. Für die Mitteilung etwaiger Fehler sind Verlag und Autor jederzeit dankbar. Internetadressen oder Versionsnummern stellen den bei Redaktionsschluss verfügbaren Informationsstand dar. Verlag und Autor übernehmen keinerlei Verantwortung oder Haftung für Veränderungen, die sich aus nicht von ihnen zu vertretenden Umständen ergeben. Evtl. beigefügte oder zum Download angebotene Dateien und Informationen dienen ausschließlich der nicht gewerblichen Nutzung. Eine gewerbliche Nutzung ist nur mit Zustimmung des Lizenzinhabers möglich.

Satz: Fotosatz Pfeifer, 82166 Gräfelfing
art & design: www.ideehoch2.de

ISBN 978-3-7723-**5899-9**

Vorwort

Der Begriff *Solarenergie* umfasst ein umfangreiches Thema. Wenn Sie alle Möglichkeiten der Solarenergie betrachten, werden die meisten wissenschaftlichen Bereiche, wie z. B. Biologie, Physik, Chemie und auch die Elektronik, berührt.

Eine der zentralen Anwendungen unserer Energieversorgung in der Zukunft ist der Bereich der Photovoltaik (Photo = Licht, Voltaik = Strom).

In vielen Bereichen des Alltags haben sich inzwischen solare Technologien etabliert. Denken Sie nur an die autonomen Verkehrsleitsysteme im Bereich der Autobahnen oder an solarenergiegespeiste Armbanduhren.

Anhand von Buch und Lernpaket können solare Grundprinzipien – auch solche, die stellvertretend im Bereich der Photovoltaik vorhanden sind – erkannt und nachvollzogen werden.

Sie können den Umgang mit dieser Technik auf einfache Art erfahren. Schon bei der Verwendung und dem Anschluss des Solarmoduls und der weiteren Bauteile gibt es viele grundsätzliche Dinge zu lernen.

In diesem Buch sind mit geringem Aufwand die ersten Zusammenhänge und die Grundprinzipien sowie die elektronischen Grundschaltungen experimentell zu erfahren. Zugleich können weiterführende Projekte für höhere Ansprüche realisiert werden und es wird der Bezug zur solaren Alltagsanwendung hergestellt.

Ich wünsche Ihnen viel Freude und Erfolg beim Experimentieren mit Solarenergie!

Ihr Ulrich E. Stempel

Inhalt

Vorbereitungen

Haben Sie das Buch ohne das Lernpaket gekauft, können die im Buch vorgestellten Experimente mit wenigen, zusätzlich gekauften, meist preiswerten Teilen durchgeführt werden. Im Anhang finden Sie eine Liste der Teile und Liefernachweise für den Bezug der Komponenten.

Wenn Sie das Buch mit dem durch den Franzis-Verlag zusammengestellten Lernpaket erworben haben, liegen alle wichtigen Teile für Sie bereit, und Sie können sofort loslegen.

Für die Versuche brauchen Sie weder Batterien noch eine zusätzliche Stromversorgung. Damit ist das Lernpaket überall und über Jahrzehnte gebrauchsfähig und kann auch ohne Probleme über längere Zeit verwahrt und dann wieder benutzt werden.

Als sinnvolle und hilfreiche Ergänzung kann ein Vielfachmessinstrument (Multimeter) zur Strom- und Spannungsmessung verwendet werden. Man kann auch mehrere Multimeter verwenden. Damit sind weitere interessante und sinnvolle Zusammenhänge erfahrbar.

Das Buch vermittelt Ihnen die wichtigsten Grundlagen der Solartechnik. Des Weiteren werden beispielhafte Anwendungen vorgestellt, mithilfe derer es Ihnen möglich wird, eigene Schaltungen und Erfindungen rund um die PV-Solartechnik zu entwickeln.

Wenn Sie wollen, können Sie Ihr Lernpaket zusätzlich um eine Sortimentsbox ergänzen. Darin können alle Einzelteile griffbereit und übersichtlich aufbewahrt werden.

> **Hinweis:**
> Für die Arbeit mit diesem Buch braucht es nur einige Bauteile aus der Bastelkiste, ein kleines Solarmodul und einen effizienten Gleichstrommotor.
> Haben Sie das Buch ohne das Lernpaket gekauft, können die im Buch vorgestellten Experimente mit wenigen, zusätzlich gekauften, meist preiswerten Teilen durchgeführt werden. Im Kapitel 6 finden Sie eine Liste der Teile und Liefernachweise für den Bezug der erforderlichen Komponenten.
>
> Um die Bauteilebeschaffung zu vereinfachen, hat der Franzis-Verlag ein komplettes „Lernpaket Solarenergie" zusammengestellt, mit dessen Material können die wichtigsten Experimente in diesem Buch durchgeführt werden.

1 Hinweise zum praktischen Aufbau

1.1 Das Experimentierbrett

Das Experimentierbrett, auch als **Labor-Steckbrett** oder einfach nur **Steckbrett** bezeichnet, besteht im Inneren aus Kontaktfedern, die in einem Reihen-System miteinander verbunden sind.

Das Steckbrett eignet sich hervorragend für die praktische Umsetzung elektronischer Schaltungen rund um die Solartechnik. Die elektronischen Bauteile und Verbindungsdrähte können wiederholt in die Kontakte eingesteckt werden und ermöglichen so, die Schaltungen ohne Löten oder Schrauben aufzubauen und durch Umstecken oder Austausch einzelner Komponenten mit einem bereits gesteckten Schaltungsaufbau weiterzuexperimentieren.

Das dem Lernpaket beigelegte Steckbrett hat insgesamt 270 Kontakte im 2,54-mm-Raster. Die 230 Kontakte im mittleren Bereich sind jeweils durch vertikale Streifen in 5er-Reihen verbunden.

An den Rändern der breiten Seite gibt es je eine Reihe mit 20 Kontaktpunkten, die horizontal mit einer Schiene verbunden sind. Diese „obere" und „untere" Reihe eignen sich gut als Stromversorgungsschiene.

Für die nachfolgenden Bauanleitungen wird empfohlen, die untere Schiene als Versorgung mit dem Minuspol und die obere Schiene mit dem Pluspol der Versorgungsspannung durch das Solarmodul zu verwenden. Es können alle Bauteile ohne Löten direkt eingesteckt werden. Das Einstecken bedarf zunächst etwas Übung, damit die Anschlussdrähte nicht gleich umknicken. Den einzelnen Anschlussdraht sollten Sie kurz (an-)fassen und mit ein wenig Kraft möglichst senkrecht in den Kontaktpunkt einstecken.

Die Anschlüsse des Solarmoduls und des Motors werden über Klemmverschraubungen an das Steckbrett angeschlossen.

Schräg mit dem Seitenschneider abgezwickte Anschlussdrähte erleichtern das Einstecken. Sehr kurze Drähte, wie die der Transistoren, können Sie auch mit einer kleinen Flachzange oder einer Pinzette einstecken, damit diese nicht abknicken. Drahtbrü-

Abb. 1.1: Labor-Steckbrett

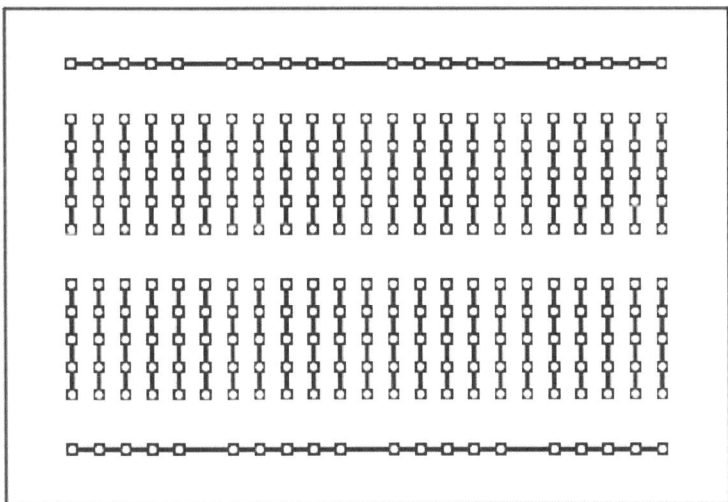

Abb. 1.2: Inneres Prinzip des Steckbretts.

cken können Sie aus Schaltdraht mit einem Durchmesser von ca. 0,6 mm herstellen. Dazu sollten Sie die ungefähre Länge der Drahtbrücke abschätzen oder abmessen (zuzüglich der Länge für die Drahtenden, die in die Steckkontakte eingesteckt werden sollen). Nun sind die Enden abzuisolieren. Dazu schneiden Sie entweder mit einer feinen Abisolierzange oder einem Messer die Isolierung rundherum ein und ziehen sie

Abb. 1.3: Anschlüsse von dem Solarmodul und dem Motor erfolgen über Klemmverschraubungen, die in das Steckbrett eingesteckt werden. Haben die Kabelanschlüsse von Solarmodul und Motor Kontakt in den Klemmverschraubungen?

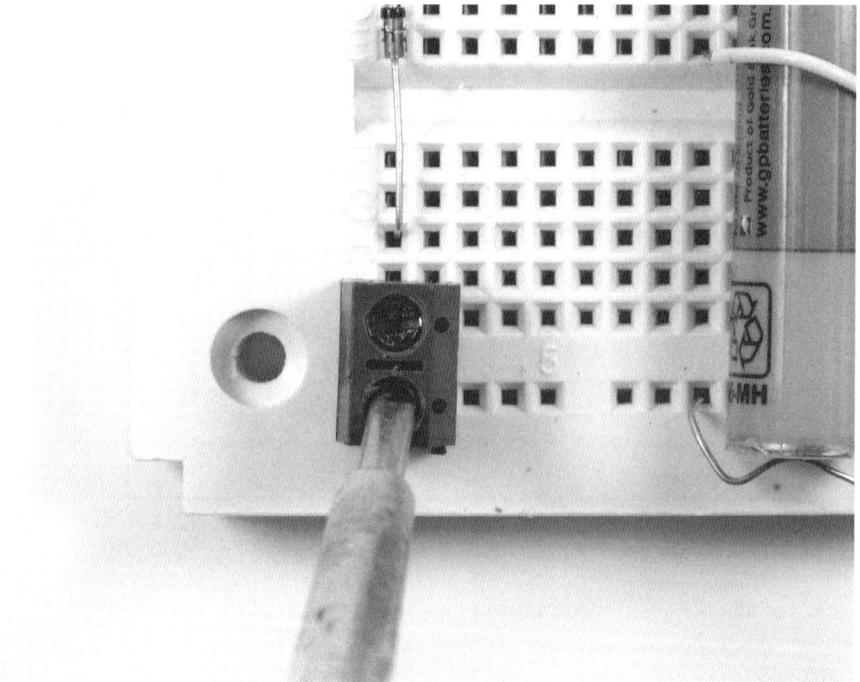

Abb. 1.4: Beim Einstecken der Klemmverschraubung in das Steckbrett sollten Sie mit einem Schraubendreher auf die Schraubenköpfe drücken.

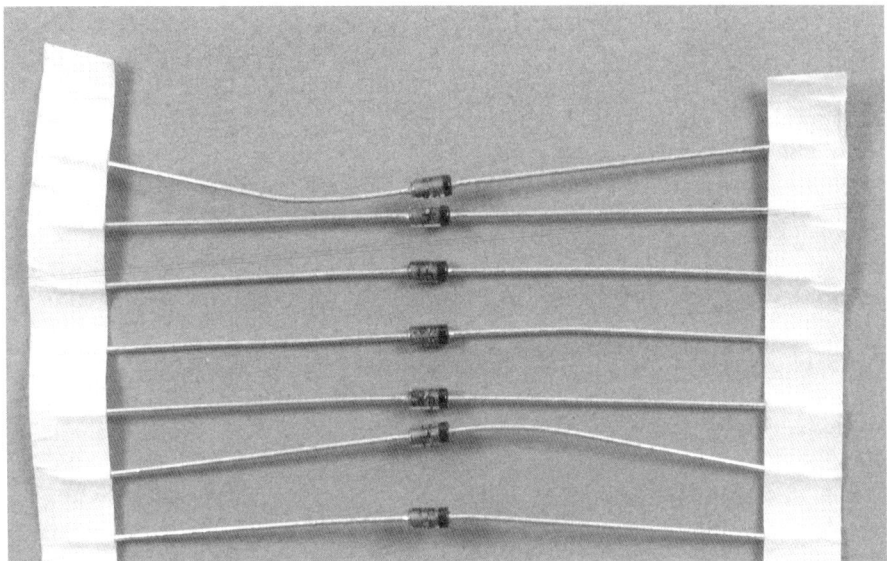

Abb. 1.5: Als Beispiel: Dioden im Streifen eingeklebt.

ab. Eine weitere Möglichkeit ist das Abisolieren mit einem kleinen Seitenschneider, bei dem die Schneiden (durch einen dünnen Stahlnagel) eingekerbt wurden.

Wichtiger Hinweis:

Gekaufte elektronische Bauelemente (wie z. B. Widerstände und Dioden) sind des Öfteren an den Drahtenden in Papierstreifen eingeklebt. Bei diesen Bauteilen müssen Sie die Anschlussdrähte vor dem Einstecken in das Steckbrett mit Spiritus reinigen, sonst verschmieren die Kontakte des Steckbretts bzw. gibt es keinen elektrischen Kontakt und die Schaltung kann nicht funktionieren.

Weiterhin wird die Funktion des Steckbretts zerstört, wenn Flüssigkeiten über oder in die Kontaktreihen gegossen wird. Vorsicht ist also geboten, wenn Ihr Getränk direkt neben dem Steckbrett steht!

1.2 Das Solarmodul

Das Solarmodul des Lernpakets ist ein amorphes Solarmodul mit einer homogen schimmernden Solarzellenfläche, die auf der Rückseite einer Glasplatte aufgebracht wurde. Bei der Herstellung wird die Schicht direkt auf das Trägermaterial aufgedampft. Als Trägermaterial bei dieser Art von Solarmodulen kommen meist Glas und – seltener – durchsichtiger Kunststoff oder spezielle Folien in Betracht.

Der Gesamtwirkungsgrad des Solarmoduls aus dem Lernpaket liegt bei durchschnittlich 5 %. Das Modul hat dennoch einen relativ guten Wirkungsgrad bei diffusem Licht.

Der sinnvolle Umgang mit dem Solarmodul aus dem Lernpaket:
Das kleine Solarmodul ist ein wertvolles Teil und sollte gut behandelt werden, damit die Haltbarkeit von möglicherweise mehreren Jahrzehnten erreicht werden kann. Das Modul ist zwar nicht so bruchempfindlich wie eine dünne Glasscheibe, sollte aber trotzdem nicht geklemmt, mit Metallgegenständen traktiert oder fallen gelassen werden.

Abb. 1.6: Das amorphe Solarmodul des Lernpakets.

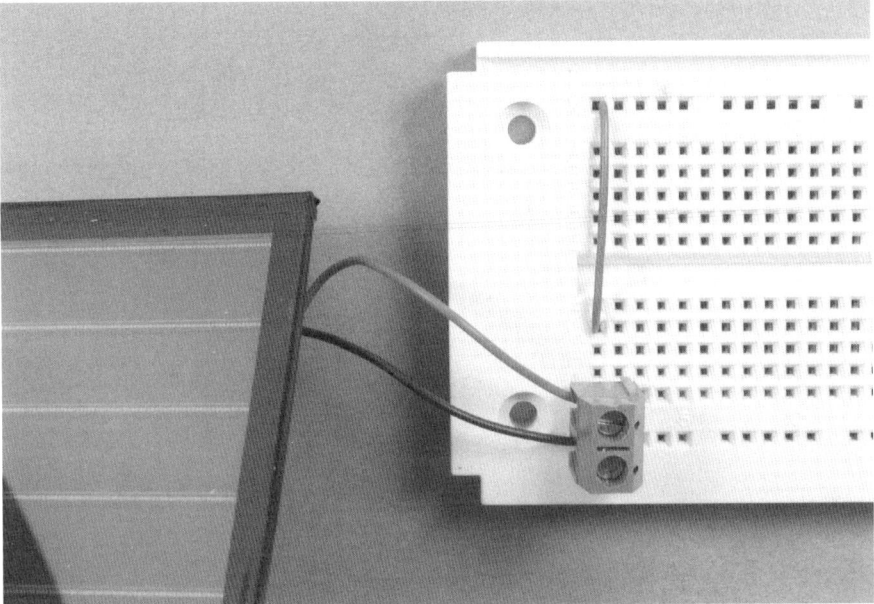

Abb. 1.7: Solarmodul aus dem Lernpaket. Die Anschlussleitungen des Solarmoduls sind aus flexibler Litze. Die Litzenenden lassen sich nicht direkt in das Steckbrett einstecken, deshalb wurden Schraubklemmen zusätzlich beigelegt. Wenn die Schraubklemmen in die Kontakte des Steckbretts gedrückt werden, ist es sinnvoll, mit einem Schraubendreher zusätzlich auf die Schraubenköpfe zu drücken (siehe auch Abb. 1.4).

Hinweis:
Zum Reinigen der Glasoberfläche des Solarmoduls Spiritus, Alkohol oder Reinigungsmittel, wie sie z. B. für Brillen oder Flachbildschirme angeboten werden, verwenden.

Die Ränder des amorphen Solarmoduls bzw. die beschichtete Glasplatte sind meist scharf „gebrochen", und Sie könnten sich daran verletzen. Daher rate ich dazu, den Rand mit einem (z. B. schwarzen) Isolierband als Kantenschutz abzukleben. Setzen Sie dazu einen möglichst 2 mm schmalen Streifen des Isolierbands an der Moduloberfläche an, kürzen Sie die Längen passend und schneiden Sie die Enden im 45°-Winkel ab. Schlagen Sie das überstehende Band nach hinten um und kleben es auf der Rückseite fest. Zu viel Klebeband auf der Vorderseite deckt die aktive Solarmodulfläche ab und das Modul kann dadurch an Leistung verlieren.

Neben dem im Lernpaket enthaltenen Solarmodul gibt es auch andere Typen von Solarmodulen bzw. Solarzellen. Zu den verschiedenen Arten der Solarzellen erhalten Sie in Kapitel 2 weitere Informationen.

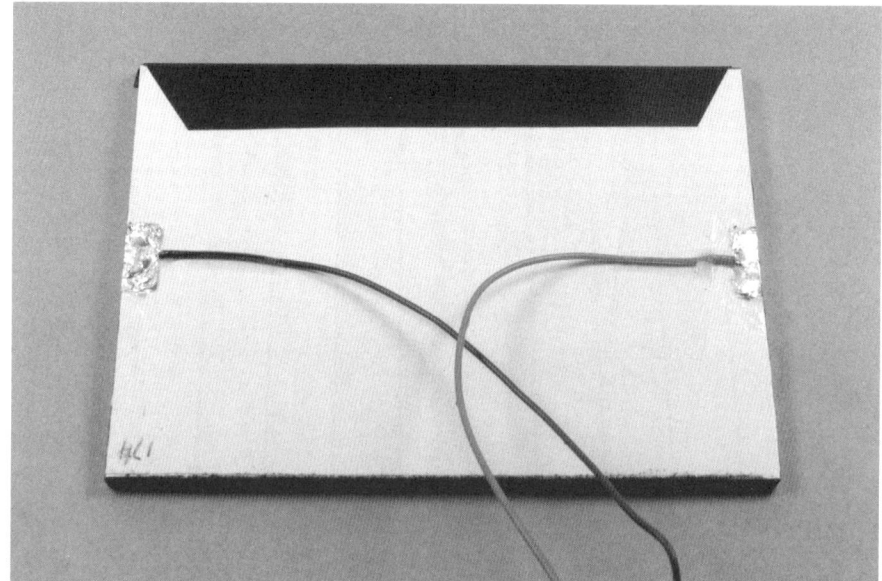

a)

b)

Abb. 1.8: a) Kantenschutz mit Klebeband in Bearbeitung, b) Kantenschutz fertig aufgeklebt.

Solarmodul

Abb. 1.9: Schaltsymbol Solarmodul, der Pfeil zeigt die Plusseite (Anode) an

Hinweis:

Das Solarmodul ist Experimentierobjekt und gleichzeitig für die Stromversorgung der Experimente zuständig.

Fehlt die Sonne oder haben Sie nur abends oder nachts Zeit, können Sie die Versuche trotzdem problemlos durchführen.

Sie können als Lichtquelle z. B. Ihre Schreibtischlampe verwenden. Der Lichtschein sollte in einem Abstand von 15 bis 25 cm vollflächig auf das Solarmodul fallen und die Leuchte sollte mit einer Reflektorglühbirne (mind. 60 W) oder einer Halogenlampe (mind. 35 W) bestückt sein. Bei stärkeren Leuchtmitteln ist der Abstand zwischen Solarmodul und Leuchte zu vergrößern, ansonsten wird das Solarmodul zu heiß.

1.3 Transistoren

Transistoren sind aktive Bauelemente, die in elektronischen Anwendungen zum Schalten und Verstärken von Strom und Spannung eingesetzt werden.

Die für die Schaltungen vorgeschlagenen bipolaren Transistoren haben die Typenbezeichnung 2N 3904 und 2N 3906. Es handelt sich dabei um komplementäre Kleinleistungstransistoren, die für eine maximale Betriebsspannung von 30 Volt und einen Strom von maximal 200 mA geeignet sind. Diese Grenzwerte werden bei den vorgestellten Schaltungen weit unterschritten. *Komplementär* bedeutet, dass es sich um ein zueinanderpassendes Transistorpaar aus einem NPN- und einem PNP-Transistortypen handelt. Die Bezeichnung *N* und *P* stehen für die negativen und positiven Halbleiterschichten im Transistor. Für den Fall, dass Ihnen diese Begriffe noch nicht viel sagen, können Sie die Funktionen später anhand der Experimente praktisch nachvollziehen.

1.4 Diode

Die Funktion einer Gleichrichterdiode, können Sie sich im Normalbetrieb am einfachsten sinnbildlich als Rückschlagventil (Wasserinstallation) vorstellen. Wenn Druck (Spannung) auf dieses Ventil (Diode) in Sperrrichtung erfolgt, wird der Stromfluss blockiert. In der Gegenrichtung (Pfeilrichtung) muss der Druck groß

E   B   C   E   B   C

Abb. 1.10: Transistoranschlüsse: E = Emitter, B = Basis, C = Kollektor.

T1   2N3904   T2   2N3906

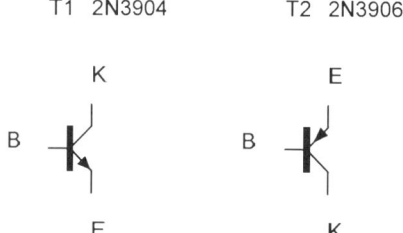

Abb. 1.11: Schaltsymbol Transistor NPN und PNP.

So funktioniert der Transistor:

Ein kleiner an der Basis-Emitterstrecke angelegter Strom kann einen großen Strom auf der Kollektor-Emitterstrecke steuern. D. h.: Fließt ein geringer Basisstrom (bei NPN-Transistoren positiv, bei PNP negativ), leitet der Transistor den Strom vom Kollektor zum Emitter, bzw. umgekehrt. Fließt über die Basis kein Strom oder ist der Basisanschluss auf negativem (NPN) bzw. positivem Potenzial (PNP), sperrt der Transistor. Die Funktion der Transistoren können Sie anhand der Testschaltungen im Kapitel *8.2 Prüfschaltungen für Transistoren* praktisch ausprobieren und nachvollziehen.

---

genug werden, um den Federdruck des Ventils (Sperrspannung) überwinden zu können. Danach öffnet das Ventil und der Strom kann fließen. Die Spannung, die in diesem hydraulischen Modell zum Überwinden des Federdrucks notwendig ist, entspricht bei einer Diode der sogenannten *Vorwärtsspannung*. Dabei muss zunächst eine bestimmte Spannung in Flussrichtung der Diode anliegen, damit die Diode in den leitenden Zustand übergeht. Bei gewöhnlichen Siliziumdioden, wie z. B. der im Lernpaket beiliegenden 1N 4148, liegt diese notwendige Vorwärtsspannung bei ca. 0,7 V oder 700 mV (Millivolt).

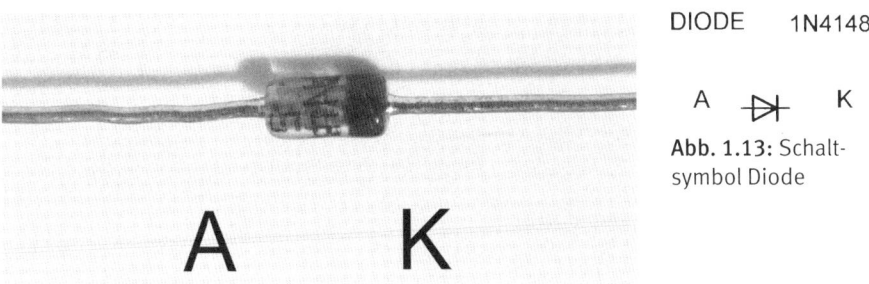

DIODE 1N4148

A ⫪⊳⊢ K

Abb. 1.13: Schalt-
symbol Diode

Abb. 1.12: Siliziumdiode Typ 1N 4148. Die Kathode der Diode ist an dem aufgedruckten Strich zu erkennen, der andere Anschlussdraht ist die Anode. Die technische Stromrichtung geht von der Anode zur Kathode.

1.5 Leuchtdioden

Die LED (light emitting diode = Licht emittierende Diode) hat neben den Eigenschaften einer normalen Diode (Vergleich 1.4) noch eine weitere Eigenschaft. Sie leuchtet, wenn Spannung angelegt wird. Im Lernpaket finden Sie eine rote und eine grüne LED sowie eine rote Blink-LED. Die Blink-LED erkennen Sie an dem kleinen schwarzen Punkt innerhalb des roten Gehäuses. Dieser ist der integrierte Schaltkreis, der die LED zum Blinken bringt.

LEDs sollten normalerweise immer mit einem Vorwiderstand betrieben werden. Der Vorwiderstand wird durch die Formel R = U / I berechnet (R = Widerstand in Ohm, U = Spannung in Volt und I = Strom in Ampere). Beispiel: Eine normale LED braucht, um hell zu leuchten, ca. 20 mA Strom. Entsprechend oben beschriebener Formel erhalten Sie bei einer Spannung von 6 Volt, geteilt durch 0,02 A (20 mA), einen Widerstandswert von 300 Ohm. Der Vorwiderstand im Lernpaket wurde mit 1 K (Kilo-Ohm) gewählt, damit erhält die LED einen etwas geringeren Strom (geringerer Stromverbrauch) und leuchtet nicht so hell.

Im Gegensatz zur Glühlampe besitzt die LED keinen Glühfaden und hat aus diesem Grund eine lange Haltbarkeit und einen geringen Stromverbrauch. Rote LEDs benötigen die geringste Spannung (1,8 Volt). Danach folgen die gelben, grünen, blauen und zuletzt die weißen LEDs mit der höchsten Spannung (3,6 Volt). Der umgekehrte Effekt von LEDs wird in Solarzellen genutzt. Auch LEDs erzeugen einen kleinen Strom, wenn sie mit einer starken Lichtquelle angestrahlt werden (siehe Kapitel 2.13.4).

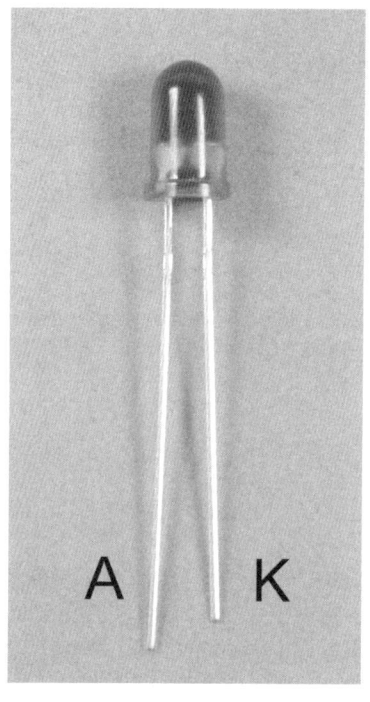

LED, 5 mm

Abb. 1.15: Schaltsymbol LED

Abb. 1.14: Anschlussbelegung der Leuchtdioden: Die Anode(+) mit dem längeren Anschlussdraht und der „Minusanschluss", die Kathode, zusätzlich durch eine Abflachung am Gehäuse markiert.

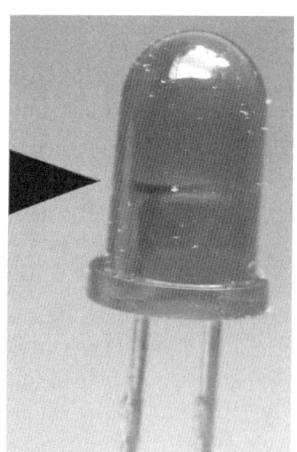

Abb. 1.16: Die Blink-LED mit integriertem Blink-IC, zu sehen als schwarzer Punkt.

1.6 Widerstände

Ein Widerstand ist ein passives Bauelement in elektrischen und elektronischen Schaltungen. Seine Hauptaufgabe ist die Reduzierung des fließenden Stroms auf sinnvolle Werte (siehe auch im vorigen Abschnitt den Vorwiderstand zu den LEDs).

Die bekannteste Widerstandsbauform ist der zylindrische keramische Träger mit axialen Anschlussdrähten.

Die Widerstandswerte sind in codierter Form anhand farbiger Ringe aufgedruckt.

Im Lernpaket befinden sich Metallschicht-Widerstände mit folgenden, in Abb. 1.17 angegebenen Werten:

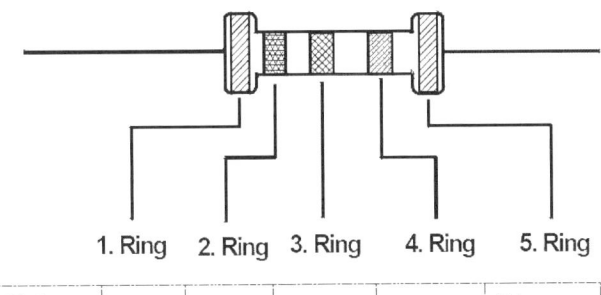

Wert	1. Ring	2. Ring	3. Ring	4. Ring	Toleranz 5. Ring
1 K	braun	schwarz	schwarz	braun	braun
2,2 K	rot	rot	schwarz	braun	braun
100 K	braun	schwarz	schwarz	orange	braun

Abb. 1.17: Widerstandswerte und Farbcodes. Der 5. Ring gibt die Toleranz an, bei dem braunen Ring sind dies 2 %.

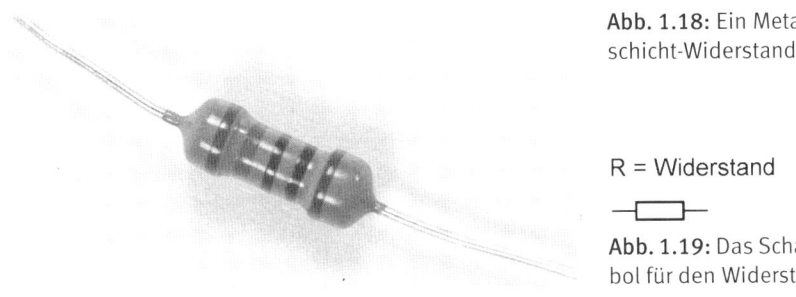

Abb. 1.18: Ein Metall-schicht-Widerstand

R = Widerstand

Abb. 1.19: Das Schaltsymbol für den Widerstand.

1.7 Elektrolytkondensatoren (Elkos)

Elektrolytkondensatoren haben, im Vergleich zu normalen Kondensatoren, eine hohe Kapazität. Stellen Sie sich den Kondensator als Urkondensator mit zwei Metallplatten vor (so wie dies im Schaltzeichen auch prinzipiell dargestellt wird), wird die erste „Platte" des Elektrolytkondensators durch eine Oxid-Schicht (Dielektrikum) isoliert. Die zweite „Platte" besteht aus einem Elektrolyten (leitende Flüssigkeit), der dem *Elektrolytkondensator* den Namen gibt. Aufgrund des Elektrolyten ist ein Elko polungsabhängig und die Anschlüsse sind mit einem Plus- und einem Minuspol bezeichnet. Wird das Bauteil über längere Zeit „falsch herum" angeschlossen, wird dadurch der Elektrolyt des Kondensators zerstört.

In den Bauteilen wird der Aufbau mit dünnen Folien realisiert, die, aufgerollt und in ein Gehäuse eingebettet, eine runde Form mit zwei Anschlussdrähten ergeben. Es gibt radiale und axiale Bauformen.

Die aufgedruckte maximale Spannungsangabe sollte nicht überschritten werden, ansonsten kann die Isolierschicht zerstört werden.

Im Lernpaket befinden sich drei radiale Elektrolytkondensatoren mit den Werten:

100 µF, 6,3 Volt
1000 µF, 6,3 Volt
4700 µF, 6,3 Volt

Hinweis:
µF bedeutet „Mikrofarad", die Einheit µ ist der millionste Teil der Grundeinheit.

Der Einfachheit halber wird der Elektrolytkondensator von Fachleuten mit dem Begriff *Elko* abgekürzt. Diese Abkürzung wird auch im Buch verwendet.

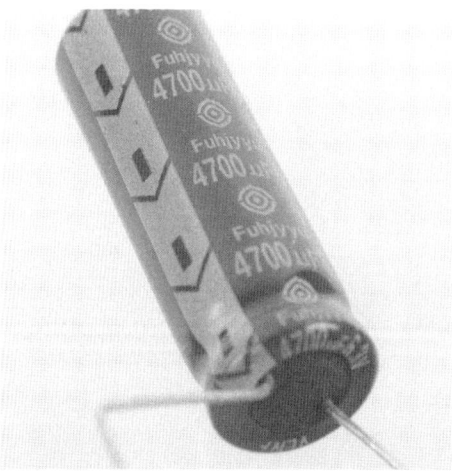

Abb. 1.20: Elektrolytkondensator (Elko). Der Pluspol ist der längere Anschluss. Zusätzlich ist der Minuspol am Gehäuse durch einen hellen Strich (links im Bild) gekennzeichnet.

C = Elektrolytkondensator

Abb. 1.21: Schaltsymbol Elko

1.8 Motor

Für die Experimente brauchen Sie einen kleinen Motor, der bereits mit geringsten Strömen und einer geringen Spannung anläuft. Elektromotoren gibt es in unterschiedlichen Ausführungen und für unterschiedliche Spannungsbereiche. Z. B. gibt es Gleichstrom-, Wechselstrom-, Synchron- und Asynchron-, Drehstrom- und Schrittmotoren. Der Motor im Lernpaket ist ein Niederspannungs-Gleichstrommotor, wie er z. B. auch in modernen DVD-Laufwerken verwendet wird.

M = Motor

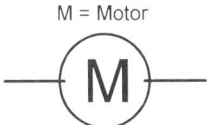

Abb. 1.22: Schaltsymbol-Motor

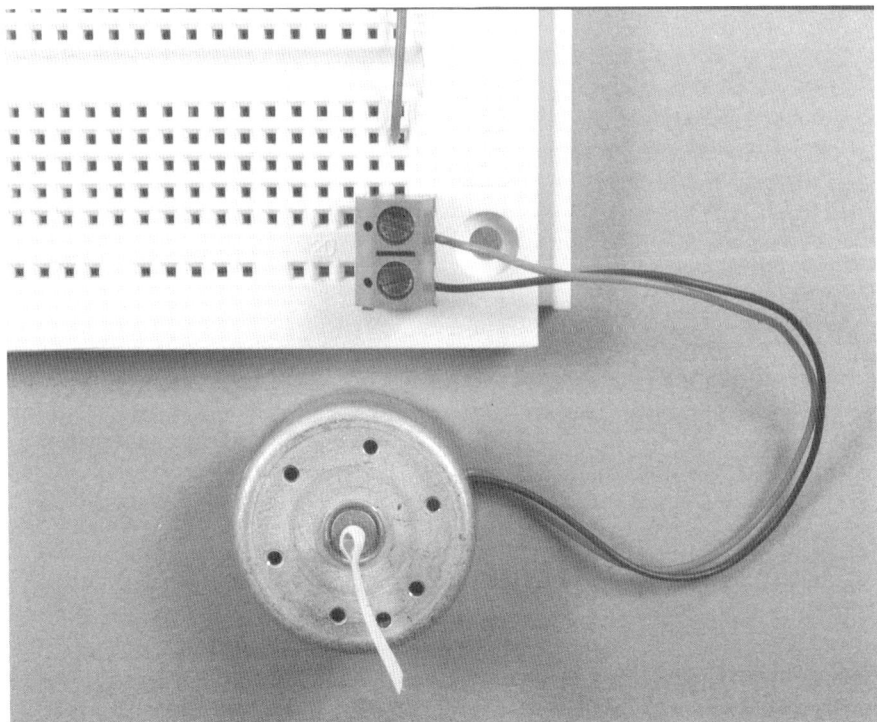

Abb. 1.23: Die Anschlussleitungen des Motors sind, wie beim Solarmodul, aus flexibler Litze. Damit die Motoranschlüsse problemlos mit dem Steckbrett verbunden werden können, wurde – wie für das Solarmodul – im Lernpaket eine Schraubklemme beigelegt. Wenn die Schraubklemmen in die Kontakte des Steckbretts gedrückt werden, ist es sinnvoll, mit einem Schraubendreher zusätzlich auf die Schraubenköpfe zu drücken.

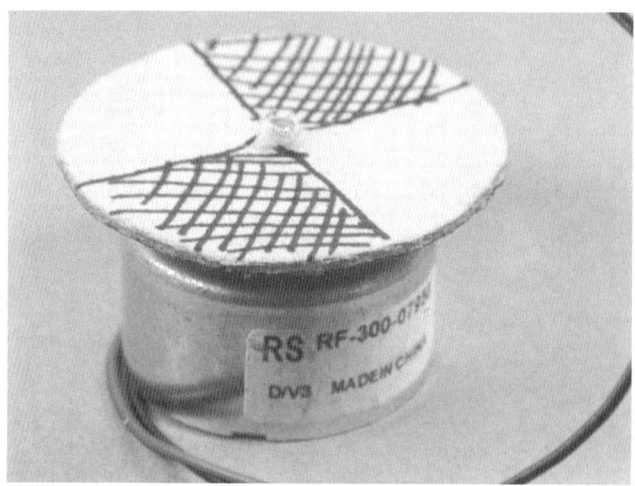

Abb. 1.24: Motorachse mit einer Pappscheibe.

Abb. 1.25: Motorachse mit einem Fähnchen aus einem Stück Klebestreifen.

Damit Sie erkennen können, ob sich die Motorwelle bei den Experimenten dreht, ist es sinnvoll, diese mit einer Scheibe oder einem Fähnchen zu versehen.

1.9 Experimentierstrippen

Mit den roten und schwarzen Experimentierstrippen, an deren Enden jeweils Kroko-klemmen angeschlossen sind, können Sie schnell und einfach einzelne Teile elektrisch anschließen und verbinden – ohne Lötkolben und ohne Schraubenzieher. Sinnvoll ist es, die roten Anschlussstrippen für den Pluspol und die schwarzen für den Minuspol zu verwenden.

1.10 Schaltdraht

Sinnvoll ist die Verwendung von Schaltdraht in drei Farben. Es wird empfohlen, den Schaltdraht wie folgt zu verwenden: rot für Plusleitungen, schwarz (blau) für Minus-leitungen und grün (gelb) für Signalleitungen und andere Verbindungen. Der Draht sollte an den Enden ca. 8 mm abisoliert werden und kann dann direkt in die Kontakte des Steckbretts eingesteckt werden. Schräg mit dem Seitenschneider abgezwickte Anschlussdrähte erleichtern das Einstecken in die Steckbrettkontakte.

Vom Schaltdraht können Sie, je nach Bedarf, unterschiedliche Längen abschneiden und die Enden jeweils abisolieren. Mit diesen Drahtstücken können Sie die Kontakt-schienen des Steckbretts untereinander verbinden, z. B. um Anschlüsse elektronischer Komponenten zusammenzuführen. Die einmal hergestellten Drahtbrücken können immer wieder verwendet werden.

Die in den Schaltplänen als Drahtschalter oder Taster angegebene Komponente kann aus dem beiliegenden Draht selbst hergestellt werden.

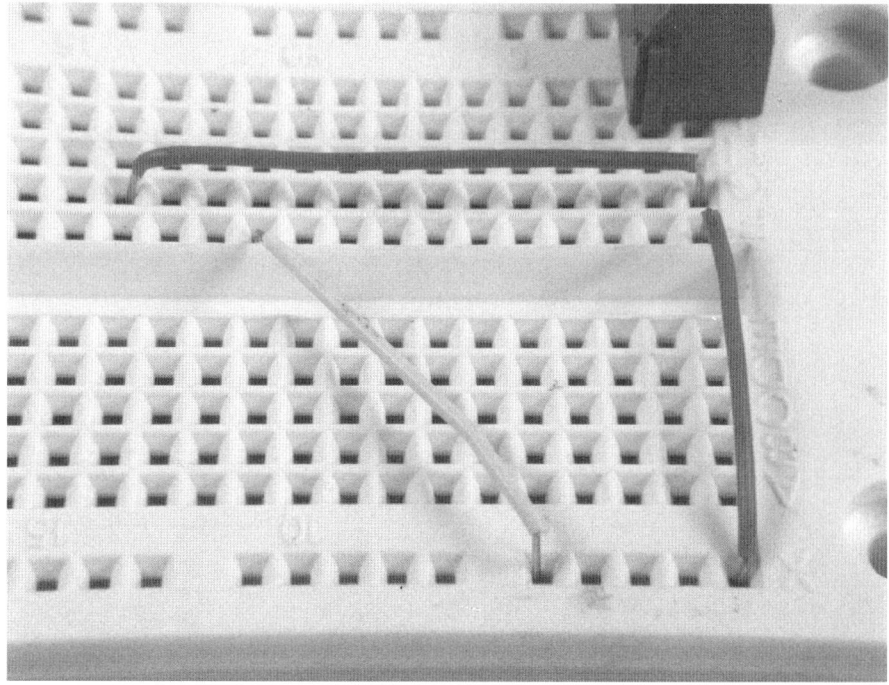

Abb. 1.26: Anwendungsmöglichkeit des Schaltdrahts.

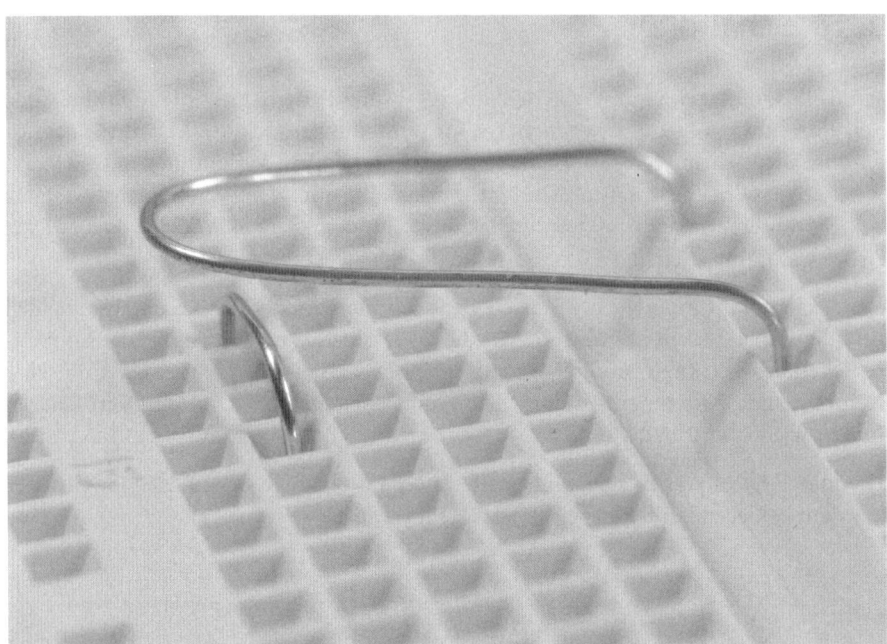

Abb. 1.27: Drahtschalter oder Taster aus abisoliertem Schaltdraht.

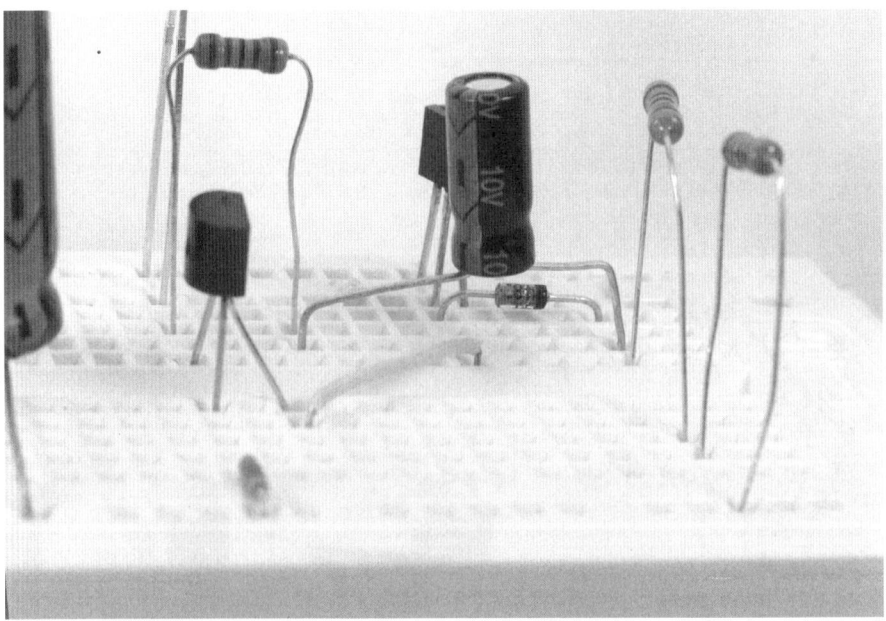

Abb. 1.28: „Wilder" Versuchsaufbau auf dem Steckbrett. Die Komponenten können für Versuche auch „ungeordnet" eingesteckt werden.

2 Grundversuche Solarzellen, Grundlagen

2.1 Das Solarmodul

Schauen Sie sich das amorphe Solarmodul genauer an:

Es hat eine rötlich schimmernde, spiegelnde Oberfläche mit quer verlaufenden rot und grau punktierten Streifen. Es sieht aus, als ob die Schicht auf der Rückseite aufgedruckt worden wäre. Tatsächlich wurde bei der Herstellung das Silizium direkt auf das Trägermaterial aufgedampft. Als Trägermaterial kommen meist Glas, (seltener) durchsichtiger Kunststoff oder spezielle Folien in Betracht.

Die amorphe Modulart zeichnet sich durch folgende Eigenschaften aus:

- Der photoaktive Teil der Zelle besteht aus einem unstrukturierten, „glasartigen" Mischmaterial aus Silizium und Wasserstoff.
- Während der ersten hundert Betriebsstunden tritt eine Verminderung des Wirkungsgrads ein (Degradation, Staebler-Wronski-Effekt). Der Initial-Wirkungsgrad beträgt heute etwa 7 bis 11 %, der langfristig stabile 5 bis 9 %.
- Der Wirkungsgrad des Moduls im Lernpaket hat einen langfristigen Wirkungsgrad von durchschnittlich 5 bis 6 %.
- Die Schichtdicke beträgt weniger als 1 µm, daher wird für diese Zellenart auch die Bezeichnung *Dünnschichtzelle* verwendet. Die Produktionskosten sind – alleine wegen der im Vergleich zu den anderen beiden Zelltypen weit kleineren Materialkosten – geringer. Der Materialverbrauch beträgt im Vergleich zu kristallinen Zellen lediglich 1/20 bis 1/100.
- Im Modul sind die „einzelnen" Zellen intern auf Betriebsspannung verschaltet, d. h., es gibt keine separaten Zellen wie bei den mono- und polykristallinen Solarmodulen. Die einzelnen Zellabschnitte können Sie daran erkennen, dass die gesamte Fläche durch Kontaktstreifen unterteilt ist.
- Die Zellspannung bei amorphen Modulen liegt bei etwa 0,6 bis 0,7 Volt. Das Solarmodul aus dem Lernpaket hat 9 Zellen und damit eine Leerlaufspannung von ca. 6,3 Volt.
- Die Rückseite ist mit einer weißen Schutzschicht versehen. Wäre die Schutzfolie nicht vorhanden, könnte die Solarbeschichtung z. B. durch Kratzer Schaden nehmen.

- Die beiden Anschlussdrähte sind auf Lötpunkten angelötet und durch Klebebänder gesichert, damit die Kabel nicht abreißen.
- Die Energieamortisation für dieses Solarmodul, d. h., der Zeitraum, indem die zur Herstellung des Moduls erforderliche Energie wieder hereinkommt, liegt weit unter einem Jahr (6 bis 8 Monate). Damit ist diese Modulart besonders ressourcenschonend.

Achtung:
Die weiße Schutzschicht auf der Rückseite des Solarmoduls darf man nicht abziehen oder beschädigen! Dadurch würde das Solarmodul zerstört.

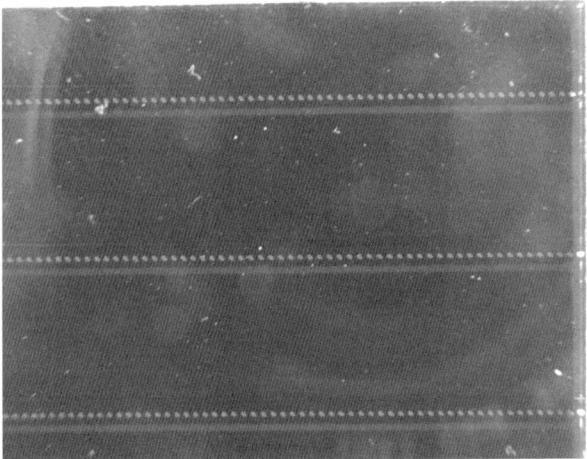

Abb. 2.1: Amorphes Solarmodul von oben.

Um das Prinzip darzustellen, wie eine Solarzelle aufgebaut ist und funktioniert, wird nachfolgend der Aufbau monokristalliner und polykristalliner Solarzellen gezeigt.

Bei der kristallinen Verfahrensweise besteht ein Solarmodul aus mehreren einzelnen Solarzellen. Diese bestehen aus sehr dünnen Halbleiterschichten: oben die N-Schicht, zur besseren Absorption des Lichts dunkelblau beschichtet, unten die P-Schicht. Die Schichten werden durch absichtliche Dotierungen so verunreinigt, dass dadurch eine negative und eine positive Schicht entstehen. Durch auftreffendes Licht kommen die Elektronen in Bewegung und es entsteht eine Spannung zwischen den beiden beschriebenen Schichten. Diese Spannung und den fließenden Strom können wir verwenden. Eine einzige kristalline Siliziumsolarzelle kommt auf ca. 0,5 V pro Zelle. Der Strom ist abhängig von der Zellengröße.

Im Bereich der Siliziumzellen-Technik werden zunehmend Solarzellen aus immer dünneren Schichten entwickelt, um damit teures Silizium einsparen zu können.

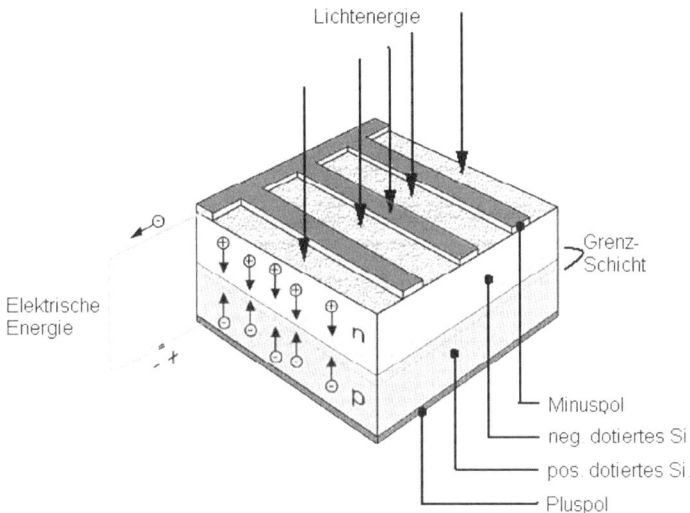

Abb. 2.2: Prinzipaufbau einer kristallinen Silizium-Solarzelle.

Um die unterschiedlichen Lichtspektren zu nutzen, werden Zellen aufeinander gepackt (gestapelt). Damit entstehen z. B. Tandemzellen, die aus amorphen und kristallinen Materialien so kombiniert werden, dass sie sich optimal ergänzen. Die photoaktiven Schichten sind nur einige Mikrometer dick und haben damit nur ein Hundertstel Dicke der üblicherweise eingesetzten Wafer (= Siliziumscheiben).

Die im Moment gebräuchlichsten Solarzellen/Solarmodule und deren Wirkungsgrade sind:

Tabelle 1: Solarzellenmaterialien und Wirkungsgrade (Stand 2007)

Solarzellenmaterial:	Zellwirkungsgrad	Modulwirkungsgrad
Hochleistungszellen	19,5 %	17,0 %
monokristallines Silizium	18,0 %	14,2 %
polykristallines Silizium	16,0 %	14,0 %
amorphes Silizium	7,5 %	7,0 %
CIS, CIGS	14,0 %	10,0 %
Cadmium-Tellurid	10,0 %	9,0 %

Quelle: dgs (Deutsche Gesellschaft für Sonnenenergie e. V.)

Die Leistungsangabe von Solarmodulen wird in Wattpeak angegeben. „Peak" beschreibt die Spitzenleistung des Solarmoduls unter vorgeschriebenen Bedingungen wie 1.000 Watt pro m² Einstrahlung und 25 °C Zellentemperatur bei AM 1,5 (Spektrum).

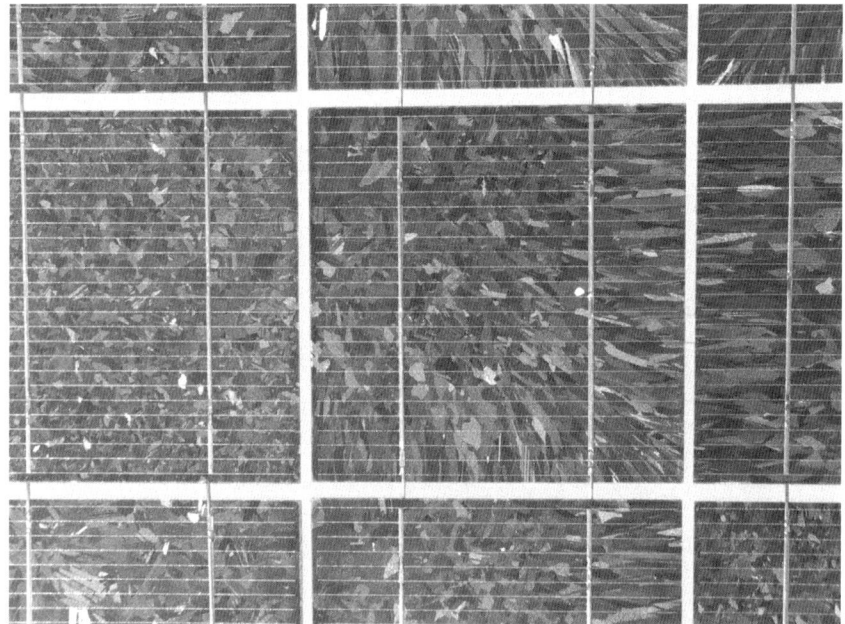

Abb. 2.3: Solarzelle polykristallin.

Abb. 2.4: Solarzelle monokristallin.

Abb. 2.5: Solarmodul amorph

Anwendung im Alltag:
Solarzellen und Solarmodule werden für die unterschiedlichsten Arten von Strom-versorgung genutzt:

- Stationäre Solargeneratoren speisen den aus Sonnenlicht umgewandelten Strom in das öffentliche Stromnetz ein. Durch das Energieeinspeisegesetz (EEG) ist die Vergütung festgelegt und garantiert. So lässt sich mit Sonnenenergie auch Geld verdienen.
- Insel PV-Anlagen zur Stromversorgung werden z. B. in Bereichen ohne Netzan-schluss und außerhalb von Siedlungen eingesetzt.
- Mobile Solaranlagen sind ortsunabhängige Stromlieferanten, die unterwegs und an jedem geeigneten Ort Strom zur Verfügung stellen.

Der technische Aufbau und die Funktion einer Solarzelle (des Solarmoduls) unter-scheiden sich grundsätzlich vom Aufbau und der Funktion der thermischen Sonnen-kollektoren. Sonnenkollektoren fangen die Sonnenstrahlung zwar auch auf und absorbieren diese, aber hier wird die Wärme über einen Wärmeträger (Wasser, Öl oder Luft) transportiert (und nicht direkt in Strom umgewandelt) und kann z. B. zur Warmwasserversorgung und Heizungsunterstützung im Wohnbereich oder zum Antrieb von Turbinen verwendet werden.

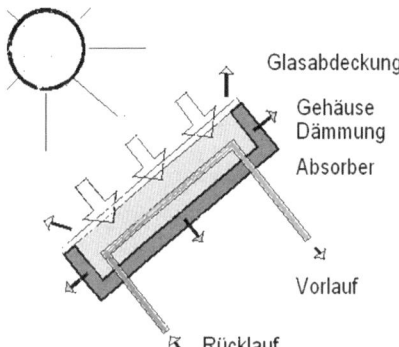

Glasabdeckung

Gehäuse
Dämmung

Absorber

Vorlauf

Rücklauf   **Abb. 2.6:** Prinzip Sonnenkollektor.

Anwendung im Alltag:
Mit Sonnenkollektoren werden bereits viele Gebäude mit heißem Brauchwasser versorgt. In den Übergangszeiten kann durch die solare Energie über 60 % der Energie für die Warmwasserbereitung und 30 bis 50 % der erforderlichen Heizenergie durch solare Heizungsunterstützung eingespart werden.

2.2 Reihenschaltung von Solarzellen

Das amorphe Solarmodul besteht im Prinzip aus Einzelzellen, die herstellungsbedingt in einem „Guss" intern verbunden wurden. Würde eine einzelne Solarzelle separiert, so hätte diese eine Spannung von etwa 0,6 bis 0,7 Volt, je nach Lichtquelle. Damit könnten Sie wenig anfangen, denn mit dieser Spannung würde z. B. eine Leuchtdiode oder eine einfache Elektronikschaltung nicht funktionieren. D. h., die Spannung ist zu gering, um mit elektronischen Bauelementen wie Leuchtdioden oder Transistoren zu arbeiten. Leuchtdioden beginnen ab etwa 1,5 Volt (rote LEDs) schwach zu leuchten, Transistoren arbeiten ab 0,6 Volt (Germanium) und ab 0,9 Volt (Silizium).

Um auf eine höhere Spannung zu kommen, bedarf es daher mehrere Einzelzellen (Solarzellen) in Reihenschaltung. Im Grunde genommen ist das wie bei Batteriezellen in den tragbaren Elektronikgeräten. Da werden dann oft auch zwei oder mehr Batteriezellen (z. B. Monozellen) in Reihenschaltung verwendet.

Bei kristallinen Solarzellen werden die Elemente, im Gegensatz zu amorphen Modulen, einzeln verbunden. Dadurch lässt sich das Prinzip der Reihenschaltung gut erkennen.

Die Reihenschaltung von Solarzellen wird bei Siliziumzellen dadurch erreicht, dass die Unterseite (Rückseite) der ersten Solarzelle (Pluspol) mit der Oberseite der nächsten Solarzelle (Minuspol) durch spezielle Flachverbinder elektrisch verbunden wird.

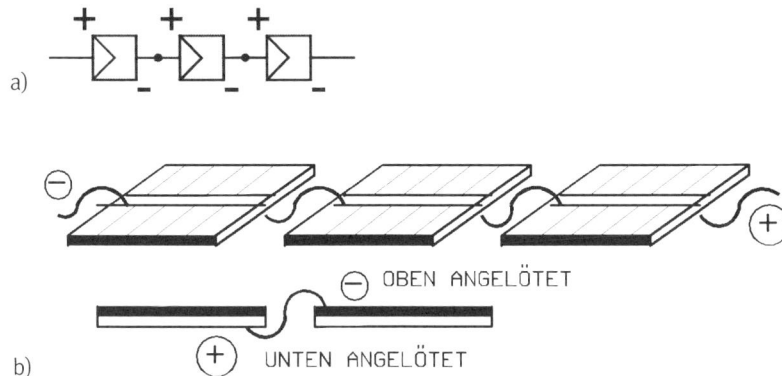

Abb. 2.7: a) Prinzip der Reihenschaltung einzelner Solarzellen, b) Strang aus kristallinen Zellen mit Verbindungen der einzelnen Solarzellen durch Flachverbinder.

Würden zwei Pluspole oder zwei Minuspole in der Reihenschaltung miteinander verbunden, würde kein Stromfluss stattfinden.

Was verändert sich durch die Reihenschaltung?

- Die Spannungen addieren sich, wenn Solarzellen in Reihe miteinander verbunden werden.
- Der Kurzschlussstrom entspricht dem einer einzigen Solarzelle – und zwar dem der schwächsten (dem schwächsten Glied in der Kette).
- Wird eine Solarzelle beschattet, sinkt die Leistung des kompletten Solarzellenstrangs um das Maß der Beschattung.
- Bei Teilbeschattung einer Zelle speisen die beleuchteten Solarzellen ihren Strom in die abgeschattete Solarzelle, diese erwärmt sich und kann im Extremfall zerstört werden.
- Probleme der Teilbeschattung gibt es vor allem bei Modulen mit kristallinen Zellen. Bei amorphen Modulen, ist dieses Problem eher unbedeutend.

In Solarmodulen, wie sie für große PV-Anlagen verwendet werden, werden einzelne, kristalline Solarzellen ebenfalls in Reihe zusammengeschaltet. Damit die Zellen bei einer Teilbeschattung des Solarmoduls nicht beschädigt werden, werden sogenannte *Bypassdioden* abschnittsweise in die Solarzellenstränge eingefügt. Diese Dioden führen den Strom an der beschatteten Solarzelle vorbei.

Anwendung im Alltag:
Solarmodule bestehen immer aus mehreren, in Reihe zusammengeschalteten Solarzellen. Bei 12-Volt-Solarmodulen sind dies z. B. 33 bis 36 Zellen in Reihe.

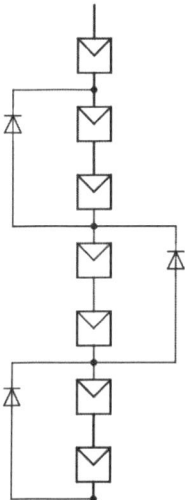

Abb. 2.8: Schaltbild eines Strangs mit Bypassdioden.

2.3 Parallelschaltung

Einzelne Solarzellen oder auch -module lassen sich natürlich auch elektrisch parallel verschalten. Hierbei werden jeweils alle Minuspol- und alle Pluspolanschlüsse der Solarzellen untereinander verbunden.

Was verändert sich dadurch?

- Die Spannung parallel geschalteter Solarzellen entspricht der einer einzigen Zelle.
- Der Kurzschlussstrom addiert sich um die Beträge des Stroms der einzelnen Zellen. Bei gleichstarken Solarzellen addiert sich der Kurzschlussstrom um die Anzahl der Zellen.
- Es ist möglich, Zellen mit unterschiedlicher Leistung (Kurzschlussstrom) zusammenzuschalten.
- Bei Teilbeschattung einer Zelle speisen die beleuchteten Solarzellen ihren addierten Strom in die abgeschattete Zelle, diese erwärmt sich und kann im Extremfall zerstört werden.

Die Parallelschaltung von Solarzellen ist dann sinnvoll, wenn zwar eine geringe Spannung benötigt wird, dafür aber höhere Ströme gewünscht werden.

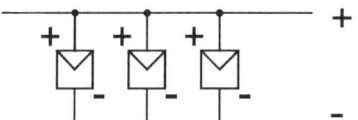

Abb. 2.9: Parallelschaltung mehrerer Solarzellen.

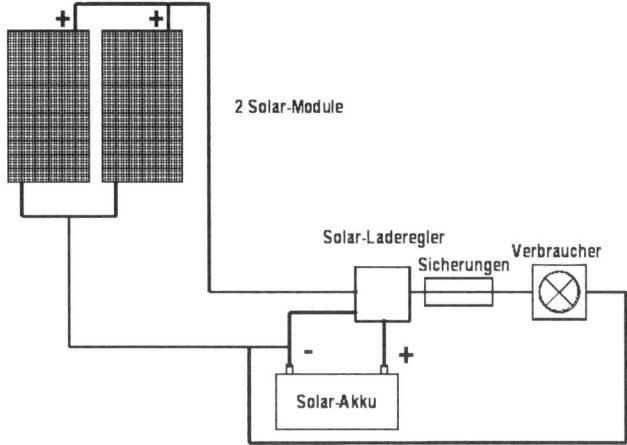

Abb. 2.10: Prinzip der Parallelschaltung von zwei Modulen in einer Insel-PV-Anlage

Anwendung im Alltag:
Um bei niedrigen Spannungen höhere Ströme zu erhalten, werden zwei oder mehrere Solarmodule parallel zusammengeschaltet. Mit zwei gleichen, parallel geschalteten Solarmodulen kann z. B. der Ladestrom (Akkuladung) verdoppelt und die Ladezeit halbiert werden.

2.4 Solarmodul, erster Test

Versuchsaufbau: Solarmodul, je eine Strippe rot und eine Strippe schwarz.

Hinweis: Dieser Versuch funktioniert auch mit wenig Licht (bewölkter Himmel). Bei viel Licht (volle Sonne) können Sie jedoch mehr spüren.

Legen Sie das Solarmodul so hin, dass eine Lichtquelle darauf scheint. Klemmen Sie die Strippen mit den Krokoklemmen rot und schwarz an die Kabelanschlüsse des Solarmoduls an. Auf der anderen Strippenseite legen Sie die blanken Klemmenrücken an Ihre Zungenspitze (nicht die Zunge einklemmen und wenn Sie ängstlich sind, probieren Sie diesen Versuch zuerst mal mit dem Solarmodul im Schatten) – es „bitzelt" ein wenig säuerlich, als ob Sie Sprudelwasser im Mund haben (keine Angst, der Strom und die Spannung des Solarmoduls aus dem Lernpaket sind völlig ungefährlich). Wenn es „bitzelt", ist dies ein sicheres Zeichen dafür, dass Solarstrom durch Ihre Zunge fließt. Wenn Sie nichts spüren, haben die Klemmen keinen Kontakt zum Solarmodul. Wer einen Multimeter besitzt, kann die Spannung des Solarmoduls zusätzlich messen.

Warnhinweis:
Führen Sie dieses Experiment nur mit einem Solarmodul wie vorgegeben durch. Bei unbekannten Strom-/Spannungsquellen kann dieser Versuch lebensgefährlich sein!

Abb. 2.11: Einfacher Funktionstest mit der Zunge

Den Versuch können Sie mit weiteren unterschiedlichen Lichtquellen und dem Solar-modul durchführen, z. B. mit:

- der direkten Sonne
- einer Halogenlampe
- einer Glühlampe
- einer Taschenlampe
- einer Energiesparlampe
- einer Leuchtstofflampe
- einer LED-Taschenlampe

In die Tabelle können Sie nun eintragen, wo Sie mehr bzw. weniger gespürt haben:

Lichtquelle	stark	mittel	wenig
direkte Sonne			
Halogenlampe			
Glühlampe			
Taschenlampe			
Energiesparlampe			
Leuchtstofflampe			
LED-Taschenlampe			

2.5 Die Lichtquelle

Solarenergie kommt von unserer Sonne. Wenn wir die Energiemenge, die der Fixstern Sonne auf unsere Erde bringt, quantifizieren würden, dann hätten wir ca. 3.000-mal mehr Energie, als erforderlich wäre, um den momentan benötigten Weltenergiebedarf zu decken! Nur umwandeln müssen wir die „Lichtenergie" der Sonne noch in die Energieform unseres Bedarfs, wie z. B. Strom, Antriebsenergie, chemische Energie, usw.

Die Energie des Sonnenlichts

Dieser riesige Energiestrom des Sonnenlichts bringt die lebensnotwendige Wärme und das Licht durch die Atmosphäre auf die Erde. Die auf die Erde treffende Solarstrahlung wird in der Hauptsache in Wärmestrahlung umgewandelt. Bis die Energie der Sonne zu uns auf die Erdoberfläche gelangt, muss sie zuerst durch die schützenden Hüllen der Erdatmosphäre, durch eventuell vorhandene Bewölkung sowie durch die – von Luftverschmutzung – getrübte Luft gelangen. Die Strahlungsanteile des sichtbaren Lichtspektrums sind in Tabelle 2 aufgezeigt. Die auf der Erde auftreffende Strahlung AM 1.5 (Die Solarstrahlung auf der Erde bei dem 50. Breitengrad. AM = Air Mass = Luftmasse) wird Globalstrahlung genannt. Die Globalstrahlung wiederum setzt sich aus direkter und diffuser Strahlung zusammen.

Tabelle 2: Sonnenstrahlen, relativer Energiegehalt. Die Solarkonstante in der rechten Spalte der Tabelle wird durch Faktoren wie Lufthülle und Luftverschmutzung verringert, sodass die auf der Erde ankommende Maximalleistung (Globalstrahlung) nur etwa 1.000 W/m² beträgt.

Wellenlänge (nm)	UV-Bereich 0–380	Sichtbarer Bereich 380–780	IR-Bereich 780–2.500	Solarkonstante (Gesamt)
Leistung (W/m²)	95	640	618	1.353 W/m²
Leistung (%)	7	47,3	45,7	100 %

Die durchschnittliche jährliche Globalstrahlung in Deutschland beträgt ca. 920 Watt/m² in Norddeutschland und bis zu 1.240 Watt/m² in Süddeutschland.

Durch Photovoltaik (Umwandlung von Licht in Strom) kann die Sonnenenergie als elektrischer Strom nutzbar gemacht werden.

Die Wirkungsgrade betragen zurzeit, je nach Technologie, zwischen 5 und 40 %. Das Solarmodul des Lernpakets aus amorphem Silizium hat einen Wirkungsgrad von ca. 5 %.

> **Hinweis:**
> Die im Buch vorgestellten Experimente können auch mit einer hellen Kunstlichtlampe durchgeführt werden. Entscheidend sind dabei Lichtleistung und Lichtart (siehe auch Kapitel Lichtspektrum).

2.5.1 Was ist eigentlich Licht?

Nach den bisherigen Erkenntnissen ist Licht eine Welle, die sich sowohl im luftleeren Raum als auch in transparenten Medien fortbewegen kann. Es wird angenommen, dass sich die Lichtenergie in Form von dreidimensionalen transversalen Wellen (das sind Wellen, deren Schwingungsrichtung wie bei Wasserwellen senkrecht auf der Ausbreitungsrichtung steht) durch den Raum fortpflanzt. Wissenschaftler haben durch spezielle Laseraufnahmen herausgefunden, dass Licht eine ähnliche Sinus-Wellenform wie Schallwellen hat. Licht erreicht uns aber über den „leeren" Weltraum und braucht kein Transportmedium – im Gegensatz zu den Schallwellen.

Die Wellenlänge der Lichtwellen ist sehr klein, kleiner als ein Tausendstel Millimeter. Licht mit einer Wellenlänge von etwa 600 nm sehen wir als rotes Licht, Licht mit einer Wellenlänge von 400 nm als blaues Licht.

Nanometer wird mit „nm" abgekürzt. *Nano* heißt übersetzt „Neun"; 1 nm = 1milliardstel (10 hoch -9) Meter. Ein Nanometer bedeutet also, dass 1 mm durch eine Million geteilt wird.

2.5.2 Begriffe zum Licht

Die Lichtstärke (cd)

Die Lichtstärke mit der Einheit Candela (cd) gibt an, welcher Lichtstrom in eine konkrete Richtung ausgestrahlt wird. I = Lichtstrom pro Raumwinkel.

1 Candela entspricht etwa der Intensität einer Kerze. Es gab früher verschiedene Standardkerzen (Hefnerkerze, internationale Kerze) die als Maß zur Bestimmung des Lichtwerts gedient haben. Heute ist der Lichtwert durch eine Konstante festgelegt.

Da die Lichtstärke mit der Einheit Candela nur Bezug auf einen dünnen Lichtstrahl nimmt, wird in der Regel nur bei punktförmigen Lampen oder Lichtquellen, wie z. B. bei LEDs, die Lichtstärke in Candela angegeben.

Tabelle 3: Die Lichtstärke verschiedener Lichtquellen in der Einheit „Candela".

Lichtquellen:	
Sonne	3 x 10 hoch 27 cd
Hochdrucklampe 150 W	2.000 cd
Halogenglühlampe 50 W	70 cd
Power-LED 1 W	10 cd
Kerze	1 cd

Die Lichtausbeute (lm/W)

Die Lichtausbeute in lm/W dient als Maß für den Wirkungsgrad einer Lichtquelle (lm = Lumenmeter = Lichtstrom). Sie gibt an, wie viel Lichtstrom die Lichtquelle aus 1 Watt elektrischer Leistung umwandelt. Somit ist die Lichtausbeute ein Maß für die Wirtschaftlichkeit einer Lichtquelle und dient auch zur Klassifizierung der Energieklassen A–G, wie sie auf der Verpackung von Elektrogeräten und Leuchtmittel aufgedruckt sind.

Die Beleuchtungsstärke (Lx)

Einheit: Lux (lx) = lm/m²
Die Beleuchtungsstärke E in Lux (Lx) kennzeichnet den auf eine Fläche auffallenden Lichtstrom. Sie ist der Quotient des auf eine Fläche fallenden Lichtstroms geteilt durch diese Fläche.

Interessant ist dieser Messwert für den täglichen Umgang mit Licht und Lichtempfindlichkeit – egal, ob Sie nach der Lichtempfindlichkeit einer elektronischen Kamera schauen, fotografieren oder eine Fahrradleuchte kaufen.

In unserem Fall könnte die Fläche, auf die das Licht fällt, unser Solarmodul sein. Üblicherweise werden jedoch bei der Photovoltaik die Einstrahlungswerte in W/m² angegeben.

Tabelle 4: Unterschiedliche Ausleuchtungen von „wolkenloser Sommertag" bis „trüber Wintertag" und die entsprechend stark differierenden Lichtwerte.

wolkenloser Sommertag	100.000 Lux
trüber Sommertag	20.000 Lux
trüber Wintertag	500 Lux
Bürobeleuchtung	500 Lux
Straßenbeleuchtung	50 Lux
Vollmondnacht	0,1 Lux
Sternennacht	0,01 Lux

2.5.3 Lichtspektrum

Das Lichtspektrum ist ein spezieller Teil des elektromagnetischen Spektrums, zu dem u. a. auch Radiowellen oder Röntgenstrahlen gehören. Der Wellenlängenbereich des für uns sichtbaren Lichts reicht dabei von ungefähr 380 bis 780 nm. In der Umgangssprache wird dabei einfach von „Licht" gesprochen. Unterhalb des sichtbaren Lichts befindet sich das UV-Licht (ultraviolettes Licht), oberhalb das IR-Licht (infrarotes Licht).

Das Lichtspektrum interessiert uns vor allem im Zusammenhang mit der spektralen Empfindlichkeit der Solarzelle bzw. des Solarmoduls, die wiederum von den Materialien und der Machart der Solarzelle abhängt.

Relative spektrale Empfindlichkeit $S_{rel} = f(\lambda)$:

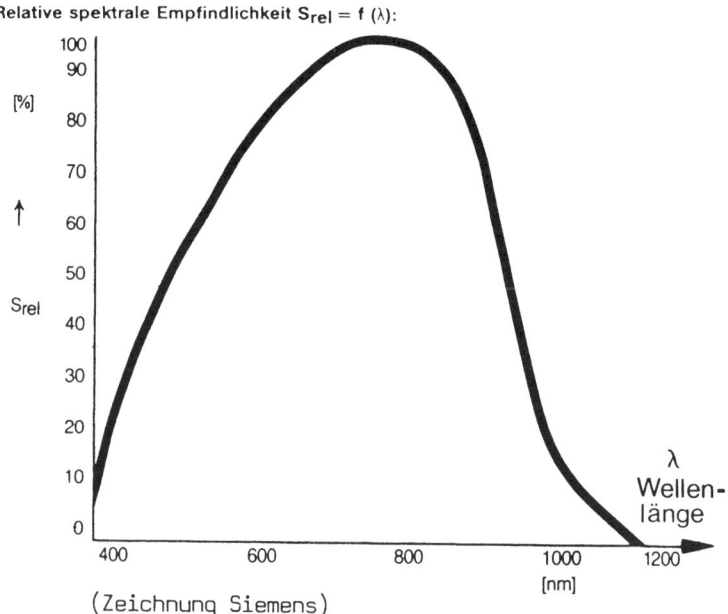

(Zeichnung Siemens)

Abb. 2.12: Lichtspektrum einer kristallinen Solarzelle (Quelle: Fa. Siemens)

> **Hinweis:**
> Unterschiedliche Arten von Solarzellen benötigen auch unterschiedliche Lichtquellen. Amorphe Solarzellen (z. B. auch in Taschenrechnern) eignen sich neben dem natürlichen Lichtspektrum zusätzlich für diffuses und Kunstlicht, kristalline Siliziumsolarzellen mehr für das natürliche, direkte Sonnenlicht.

Mehrschichtsolarzellen

Durch Kombination von Solarzellen mit unterschiedlichen Spektrenempfindlichkeiten besteht die Möglichkeit, wesentlich höhere Wirkungsgrade pro Fläche zu erhalten. Dazu werden die Solarzellenschichten so dünn hergestellt, dass ein Teil des Lichts durch die erste(n) Schicht(en) durchscheint und auf die nächste Schicht auftrifft. Kombinationen von amorphen und mikrokristallinen Siliziumschichten gibt es z. B. von der Firma Sharp bei der NA-Serie mit 80/85-Watt-Modulen.

Es gibt auch bereits marktreife Trippelzellen (drei Schichten mit unterschiedlichen Spektren) mit einem Gesamtwirkungsgrad von über 40 % (Boeing-Tochter Spectrolab, Kalifornien). Damit wären Leistungen von über 350 Watt pro m² realistisch. Diese Leistungen werden durch die Entwicklung neuer Technologien wie z. B. der III-V-Solarzellen möglich. Es handelt sich dabei um Verbindungshalbleiter wie z. B. Galliumarsenid oder Galliumindiumphosphid. Damit lassen sich im Moment bis zu drei Einzelzellen übereinander stapeln, um die unterschiedlichen Bereiche des Son-

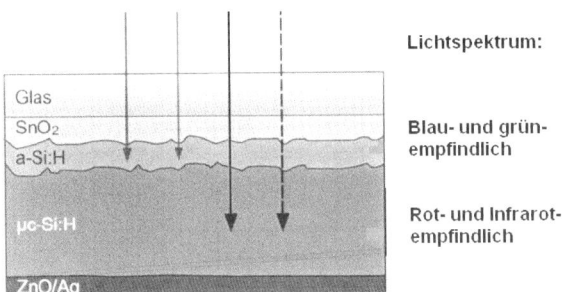

Lichtspektrum:

Blau- und grün-
empfindlich

Rot- und Infrarot-
empfindlich

Abb. 2.13: Prinzip einer Mehrschichtzelle und die dadurch erreichte Spektrumserweiterung.

nenspektrums optimal zu nutzen. An Vierer- und Fünferstapeln wird experimentiert. Laut theoretischen Berechnungen soll es möglich sein, bis zu 36 Schichten aufeinander zu stapeln. Damit könnte ein Wirkungsgrad von bis zu 72 % erreicht werden.

Solarmodul mit Kunstlicht betreiben?

Die Sonne als Lichtquelle ist für Ihre Experimente der Energielieferant Nr. 1. Mancher hat jedoch nicht die Möglichkeit, seine Experimente mit natürlichem Sonnenlicht durchzuführen, sei es aus wetterbedingten, räumlichen oder zeitlichen Gründen.

Daher ist es gut zu wissen, welches Kunstlicht zu der spektralen Empfindlichkeit des Solarmoduls am besten passt bzw. mit welchem Kunstlicht Sie wenig Erfolg haben werden.

Dazu sehen Sie sich zunächst die Spektren der gebräuchlichsten Kunstlichtquellen an (Abb. 2.14).

> **Ergo:**
> Energiesparlampen und Leuchtstofflampen sowie LED-Licht eignen sich nicht als Energiequelle bei Experimenten mit dem Solarmodul. Glühlampen und Halogenlampen eignen sich mit ausreichender Lichtleistung (ab 50 Watt) hingegen sehr gut.

2.5.4 Lichtverluste

Bis das Licht von der Sonne zu uns auf die Erde kommt, legt es einen weiten Weg zurück. Das Licht braucht dazu ca. 8 Lichtminuten bei einer Geschwindigkeit von ca. 300.000 km/Sek. Und mit der wachsenden Entfernung der Lichtquelle wird die Strahlungsdichte geringer (Entfernung Erde/Sonne: 150.000.000 km).

Das erste „spektrale Hindernis" für die zur Erde kommenden Lichtstrahlen sind die Erdatmosphäre und die unteren Luftschichten. Von den ca. 1.300 Watt/m² außerhalb der Erdatmosphäre treffen bei senkrechter Einstrahlung und wolkenlosem, klarem Himmel auf die Erde ca. 1.000 Watt/m² als Globalstrahlung auf.

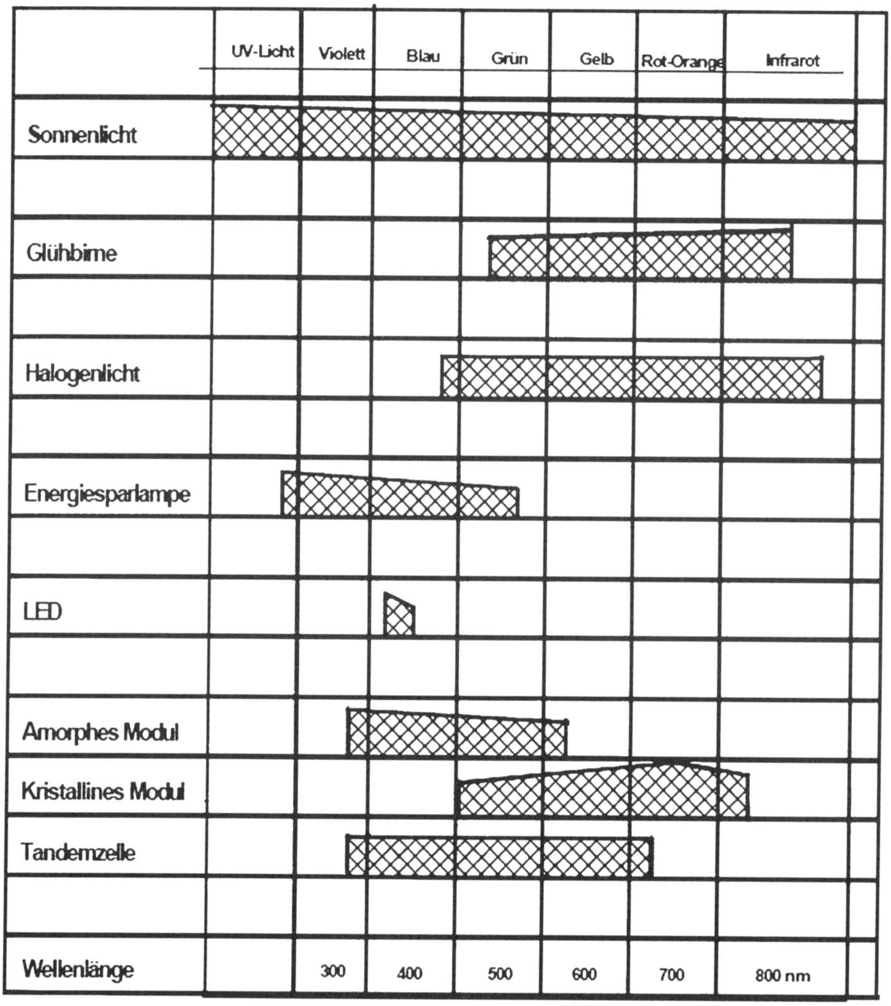

	UV-Licht	Violett	Blau	Grün	Gelb	Rot-Orange	Infrarot	
Sonnenlicht	▨	▨	▨	▨	▨	▨	▨	
Glühbirne				▨	▨	▨	▨	
Halogenlicht				▨	▨	▨	▨	
Energiesparlampe		▨	▨					
LED			▨					
Amorphes Modul		▨	▨	▨				
Kristallines Modul				▨	▨	▨	▨	
Tandemzelle		▨	▨	▨	▨			
Wellenlänge		300	400	500	600	700	800 nm	

Abb. 2.14: Strahlungsverteilung der Lichtquellen und die Empfindlichkeiten der Solarzellen. Die Angaben sind tendenziell zu verstehen, da es in den Gruppen unterschiedliche spektrale Typen gibt.

Bis das Sonnenlicht in unsere Wohnung kommt, werden die Strahlungsanteile weiter reduziert. Je nachdem, aus welchen Materialien die „Verglasung" besteht, werden weitere Anteile der Lichtstrahlung ausgefiltert. Normales Fensterglas filtert fast den kompletten UV-Anteil aus dem Lichtspektrum heraus. Zudem gibt es beschichtete Gläser und Mehrfachverglasungen, womit weitere 10 bis 20 % weniger Lichtenergie hinter der Glasscheibe zur Verfügung stehen.

Bei den Versuchen können Sie leicht feststellen, dass die Leistungsabgabe des Solarmoduls z. B. an den Motor am offenen Fenster höher ist als im Raum oder hinter der Glasscheibe.

Bezug zum Alltag:
Licht, das durch Glasscheiben „strahlt", verliert an Energie, da bestimmte Anteile aus dem Lichtspektrum herausgefiltert werden. Solarzellen hinter Glas (je nach Glasart) erhalten grundsätzlich weniger Lichtenergie. Die speziellen Gläser, mit denen Solarzellen abgedeckt sind, lassen möglichst viel Strahlungsenergie „Licht" durch. Zudem gibt es bearbeitete Gläser, die durch eine raue Oberfläche weniger Licht reflektieren und dadurch den Modulwirkungsgrad erhöhen.

2.6 Die Polarität der Solarzellen bzw. des Moduls

Versuchsaufbau: Solarmodul, Steckbrett, Wasser, Natron oder Salz, Schale.

Hinweis: Dieser Versuch funktioniert auch mit wenig Licht (bewölktem Himmel), bei viel Licht (volle Sonne) sind die sichtbaren Effekte deutlicher.

Auf der Rückseite des Moduls befinden sich Lötanschlüsse mit angelöteten Kabeln. Die Stromart, die das Modul liefert, ist Gleichstrom. Somit gibt es, wie bei einer Batterie, einen Plus- und einen Minuspol. Die Kabelanschlüsse haben zwar zwei verschiedene Farben, doch tun Sie mal so, als hätten Sie es nicht bemerkt.

Hinweis:
Die Experimentierreihe im Kapitel 2 ist so aufgebaut, dass die Versuche jeweils einen Schritt weitergehen. Sie brauchen daher nicht jedes Mal alle Teile wieder abzubauen, sondern können auf dem vorhergehenden Versuchsaufbau weiter aufbauen, indem Teile dazugesteckt, weggenommen oder ausgetauscht werden.

Als Erstes können Sie die Polarität des Solarmoduls überprüfen. Mit der Zunge lässt sich nicht spüren, wo Plus- und Minuspol sind. Trotzdem ist die Spur nicht schlecht. Eine Schale mit Wasser und darin etwas Natron oder Salz aufgelöst (damit das Wasser leitfähiger wird) ist die Grundlage für das nächste Experiment.

a) Bringen Sie das Solarmodul in Position zum Licht, stecken Sie die Anschlüsse mit der Schraubklemme ins Steckbrett. Stecken Sie zwei 10 cm lange Drahtstücke (beide Enden 5–10 mm abisoliert) im Steckbrett passend ein und legen Sie das jeweilige andere Ende in die Schale. Nun schauen Sie sich die Drahtenden in der Schale genau an:
Es steigen jeweils kleine Bläschen auf, an einen Drahtende mehr als am anderen.

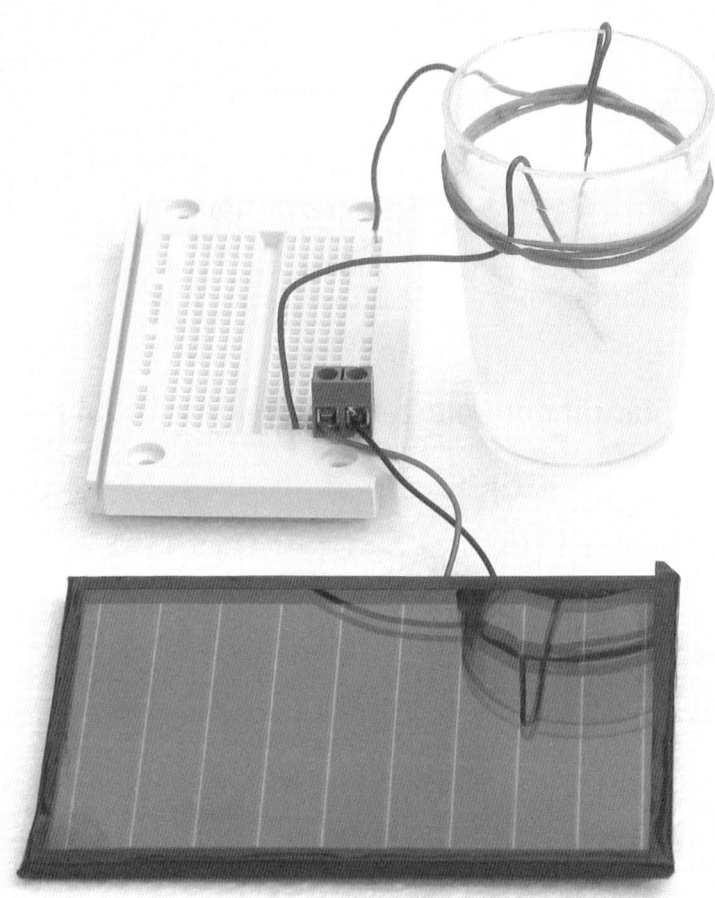

Abb. 2.15: Polaritätsfeststellung des Solarmoduls mithilfe von Flüssigkeit.

Jetzt sollte man nur noch wissen, an welchem Pol mehr Bläschen aufsteigen! Denn dann können Sie ohne zusätzliche Messinstrumente die Polarität des Solarmoduls ermitteln und damit die entsprechenden Pole zuordnen.

Das Drahtende mit der stärkeren Gasentwicklung ist der Minuspol.

Nach dem Experiment schneiden Sie die oxidierten Drahtenden, die in der Flüssigkeit lagen, ab und werfen sie weg.

b) Einen weiteren Versuch, um die Polarität auch optisch (für das Auge) anzuzeigen, können Sie jetzt mit weiteren Teilen durchführen. Die Anschlussdrähte des Solarmoduls stecken vom letzten Versuch noch im Steckbrett. Von der oberen Schiene

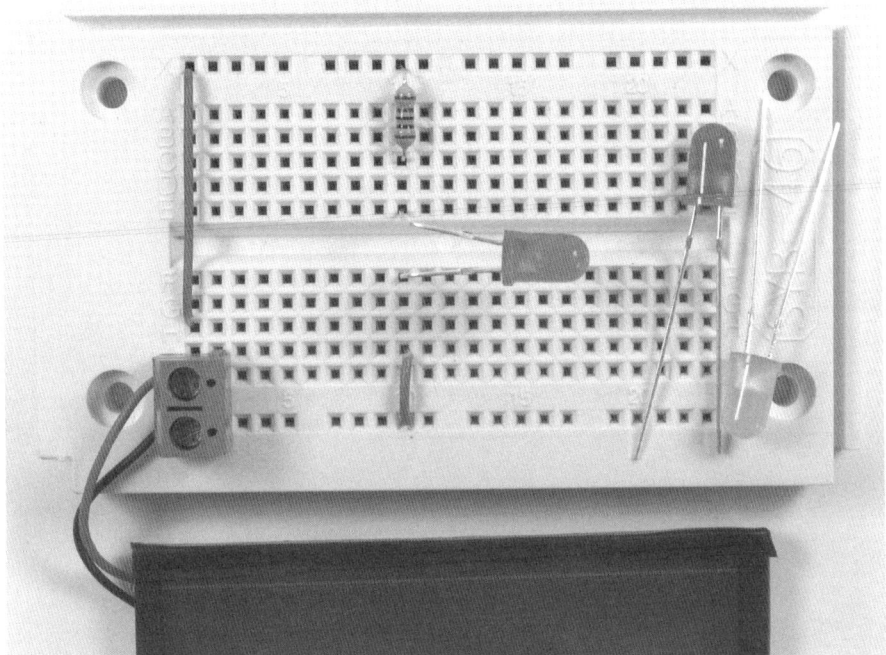

Abb. 2.16: Steckbrett mit LED, zuerst rot, dann grün, dann die Blink-LED. Den Vorwiderstand 1K für die LEDs nicht vergessen!

wird die Verbindung zu der Fünferreihe mit einem Vorwiderstand von 1 K und von der unteren Schiene durch einen Verbindungsdraht hergestellt.

Sie können nun nacheinander die rote, die grüne und die Blink-LED in das Steckbrett einstecken – zuerst in einer Richtung, dann mit vertauschten Anschlüssen (anders herum). Im Kapitel der Komponenten haben Sie bereits erfahren, dass die Anschlussdrähte der LEDs unterschiedlich lang sind und dass der längere Anschlussdraht an den Pluspol der Spannungsquelle angeschlossen werden sollte. Somit können Sie auch mit den LEDs klar ermitteln, wo der Pluspol des Solarmoduls ist.

> **Hinweis:**
> Normalerweise sollten Sie darauf achten, dass elektronische Bauteile nicht entgegen ihrer Polarität („falsch" herum) angeschlossen werden. Den Leuchtdioden macht es bei diesem Experiment aber nichts aus, auch entgegen der Polarität angeschlossen zu werden.

Solarmodul

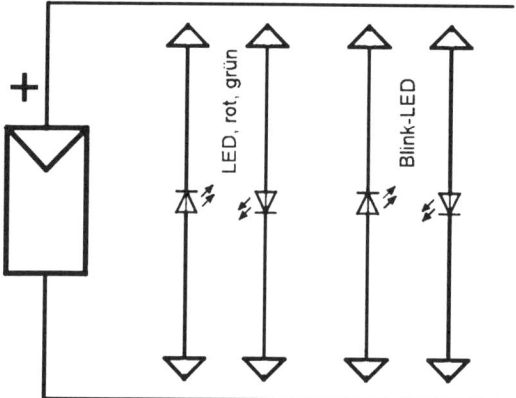

Abb. 2.17: Solarmodul, Vorwiderstand und die LEDs.

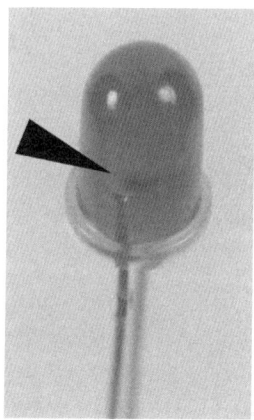

Abb. 2.18: Die Blink-LED ist an dem schwarzen Punkt innerhalb des Gehäuses zu erkennen.

2.7 Jetzt kommt Bewegung dazu

Versuchsaufbau: Solarmodul, Steckbrett, Motor.

> **Hinweis:**
> Für die folgenden Experimente benötigen Sie eine helle Lichtquelle oder vollen, direkten Sonnenschein für das Solarmodul.

Den Motor können Sie mit einem doppelseitigen Klebeband auf einem Stück Karton befestigten. Damit Sie die Drehung, bzw. Drehrichtung des Motors erkennen können, ist es sinnvoll, mit einem Stück Kaugummi oder einem Klebestreifen eine kleine Scheibe oder ein Fähnchen auf die Achse zu kleben. Die Scheibe für die Motorachse

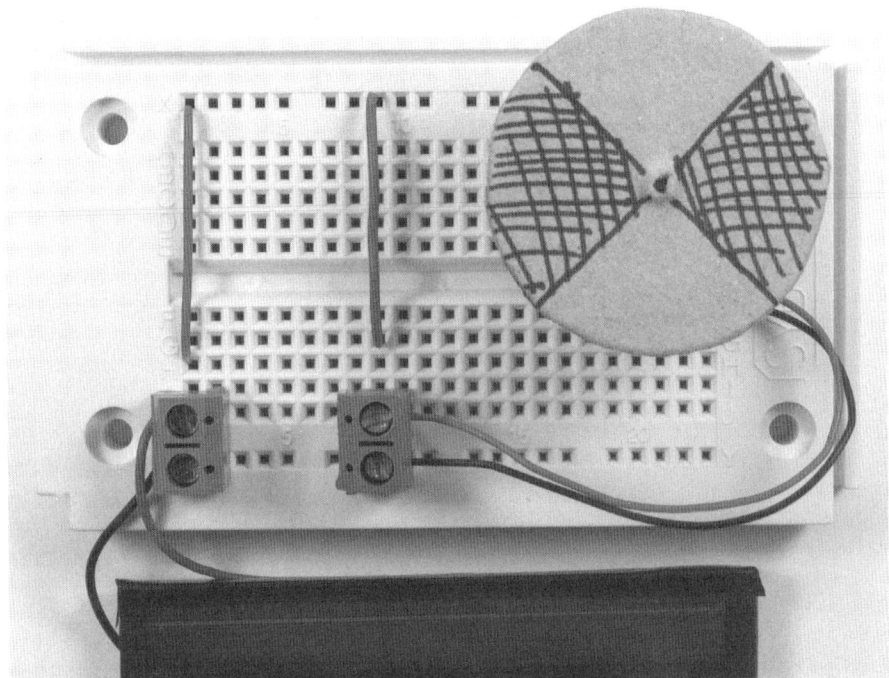

Abb. 2.19: Versuchsanordnung mit Solarmodul, Steckbrett und Motor.

Solarmodul   Motor

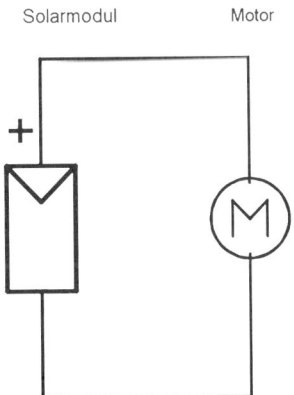

Abb. 2.20: Schaltbild Solarmodul und Motor.

können Sie z. B. aus einer Pappe ausschneiden. Es geht aber auch ein Stück Kork oder ein Zahnrad aus der Bastelkiste. Um besser sichtbar zu machen, dass sich die Scheibe oder das Zahnrad dreht, können Sie kreativ sein und z. B. radiale Streifen aufmalen.

Wenn ausreichend Licht auf die Solarzelle fällt, beginnt die Motorachse sich von selbst zu drehen. Bei zu wenig Licht braucht der Motor möglicherweise auch ein

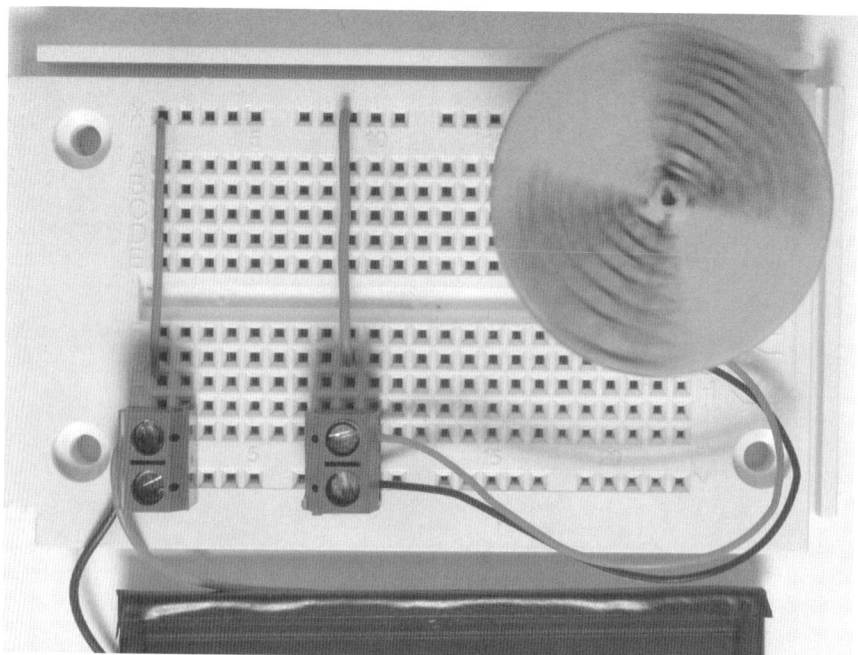

Abb. 2.21: Die Pappscheibe dreht sich.

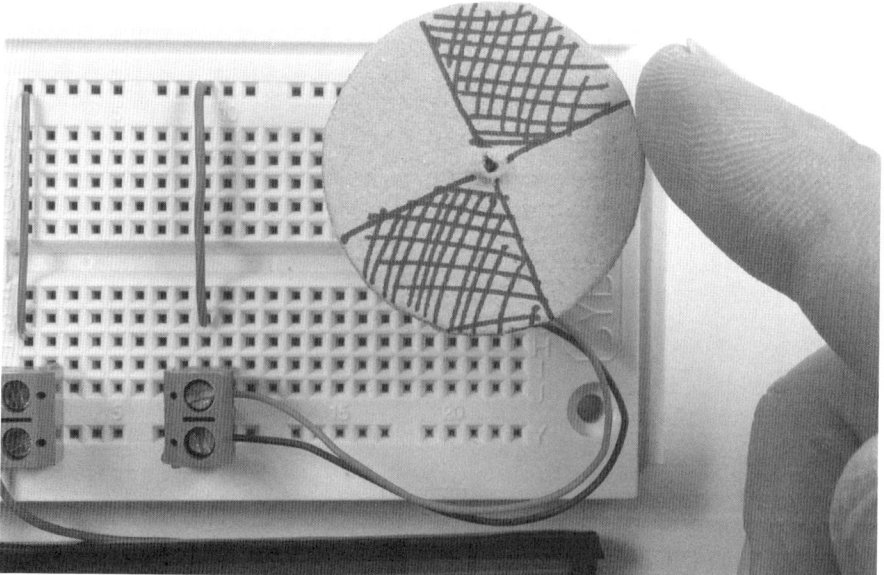

Abb. 2.22: Motor „starten" mit dem Zeigefinger bei wenig Lichteinfall. Grund: Der Anlaufstrom des Motors ist höher als der Dauerlaufstrom.

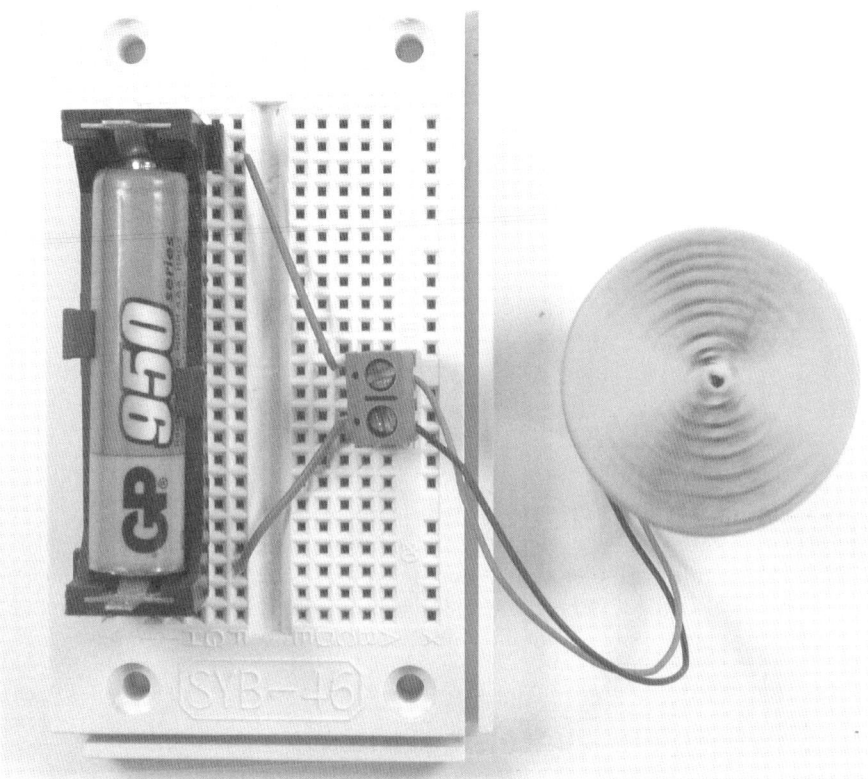

Abb. 2.23: Motor angeschlossen an eine Akkuzelle.

leichtes Andrehen mit dem Finger, um in Bewegung zu kommen. Dies kommt daher, dass der Anlaufstrom eines Motors um mehr als das Doppelte höher sein kann als der Betriebsstrom im Dauerbetrieb.

Dieses Experiment zeigt auch die unterschiedliche Betriebsweise von Solarmodulen und Akkus bzw. Batterien. Der Strombedarf beim Anlaufen des Motors wird von vollen Akkus bzw. Batterien problemlos geliefert. Das Solarmodul im Direktbetrieb kann nur den Strom an den Verbraucher liefern, der durch die momentane Lichteinstrahlung (und den Wirkungsgrad der Solarzellen) umgewandelt wird.

Wenn Sie eine 1,5-Volt-Batterie oder Akkuzelle zur Hand haben, schließen Sie diese doch spaßeshalber an den Motor an.

Akku oder Batterie   Motor

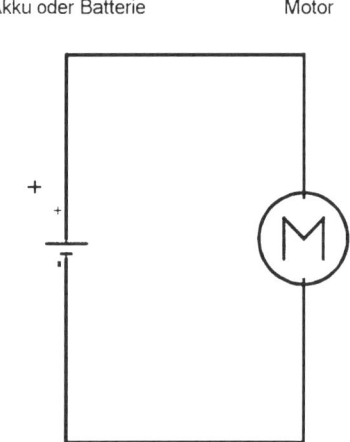

Abb. 2.24: Das Akku- bzw. Batteriesymbol im Schaltbild.

Anwendung im Alltag:
Im solaren Direktbetrieb von Motoren, z. B. als Wasserpumpe, wird die vom Solarmodul umgewandelte Sonnenenergie durch den mehr oder weniger aufsteigenden Wasserstrahl der Pumpe erlebbar. Ohne Sonnenschein läuft die Pumpe nicht und es braucht ziemlich viel Licht, damit die Pumpe aus dem Stillstand erst einmal anläuft.

2.8 Galvanometer zur Leistungsanzeige

Versuchsaufbau: Solarmodul, Steckbrett, Motor, Schachtel, Kaugummi, Strohhalm.

Hinweis:
Für die folgenden Experimente benötigen Sie eine helle Lichtquelle (oder den vollen, direkten Sonnenschein) für das Solarmodul.

Durch die Erfahrungen, die Sie im Kapitel 2.7 gemacht haben, können Sie nun Ihr eigenes Strom- und Leistungsmessgerät mit dem Solarmotor aus dem Lernpaket anfertigen.

Befestigen Sie den Motor mit Kaugummi oder doppelseitigem Klebeband im oberen Bereich auf der Schachtelseite. Kleben Sie einen Strohhalm auf die Motorachse z. B. mit einem Stück Kaugummi an.

Durchstoßen Sie den ca. 20 cm langen Strohhalm an einem Ende für die Achse, stecken Sie eine dünne Kaugummiwurst in das Innere des Strohhalms und schieben Sie die Motorachse durch die Strohhalmlöcher und den innen liegenden Kaugummi durch.

Beschweren Sie eventuell den Strohhalmzeiger unten etwas oder kürzen Sie ihn in der Länge etwas. Das Prinzip: Der Strohhalm sollte so leicht sein, dass der Motor (mit

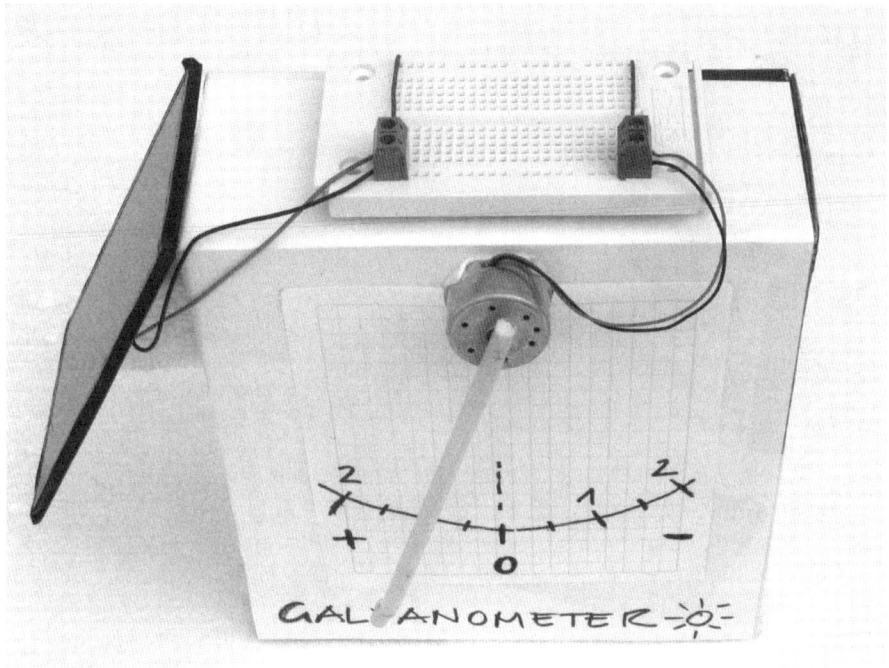

Abb. 2.25: Fertiger Galvanometer mit Teilen aus dem Lernpaket und einer kleinen Schachtel. Als Zeiger kann z. B. ein Strohhalm verwendet werden.

dem Solarstrom) es schafft, den „Zeiger" zu bewegen, und wiederum so schwer, dass der Zeiger im stromlosen Zustand die Motorachse wieder in die Neutralstellung bringt. Wenn sich der Strohhalm gar nicht bewegen will, neigen Sie den Karton samt Motor aus der aufrechten (senkrechten) Lage etwas in Richtung Waagrechte (Karton nach hinten kippen). Wenn der Motor und der Zeiger gänzlich waagrecht sind, gibt es bei voller Sonne dann den Hubschraubereffekt.

Zugegeben, diese Konstruktion funktioniert mit den zur Verfügung stehenden Mitteln manchmal etwas unzuverlässig, es geht aber dabei um das Prinzip des Galvanometers und der Tendenzanzeige, die Sie mit diesem Versuchsaufbau gut beobachten können.

Versuche:

a) Stecken Sie den einen Motoranschluss am Steckbrett ein, legen Sie den zweiten über einen Drahtschalter kurz an. Schlägt der Zeiger aus? Wie weit und in welche Richtung?

b) Vertauschen Sie die Motoranschlüsse (Klemme umdrehen), wiederholen Sie den Versuch wie in a) beschrieben.

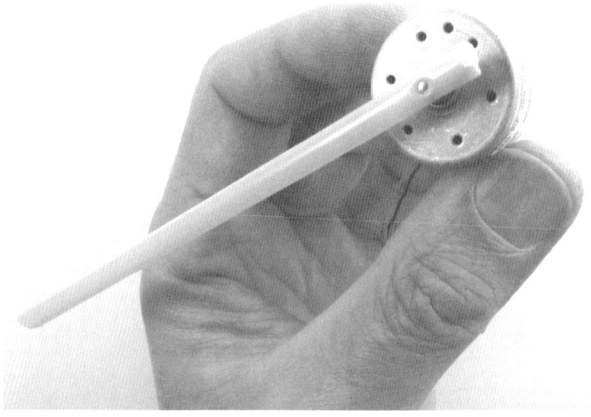

Abb. 2.26: Motor mit Strohhalm an der Achse befestigt.

c) Fertigen Sie eine Skala mit gleichen Abschnitten und Einteilungen nach rechts und links an und kleben Sie sie auf. Wenn der Strohhalm in Ruhestellung ist, befindet sich dort die Nullstellung (Neutralstellung) des Strohhalmzeigers.

d) Nebenbei können Sie auch noch die Vorzugsrichtung des Solarmotors ermitteln: Richten Sie das Solarmodul direkt zur Sonne aus und fixieren Sie es, dann verbinden Sie die Anschlüsse des Motors (des Galvanometers) unter Zuhilfenahme der Strippen mit dem Solarmodul. Wie weit schlägt der Zeiger aus? Nun vertauschen Sie die Anschlüsse und beobachten, ob der Strohhalmzeiger in die andere Richtung gleich weit, weniger oder mehr ausschlägt. Wiederholen Sie beide Richtungen mehrmals und schauen Sie, ob es eine eindeutige Tendenz in die eine oder andere Richtungen gibt.

In der Regel sind die Kohlen eines Gleichstrommotors für eine Drehrichtung optimiert. Somit sollte es eine eindeutige Tendenz geben.

Für den Alltag:
Das Galvanometer wird teilweise noch im Schulunterricht verwendet. Es ist ein von der Funktion her leicht nachvollziehbares Messinstrument. Wichtig ist hierbei nicht die Genauigkeit der Anzeige, sondern dass die Tendenzen wie Stromrichtung und Intensität des Zeigerausschlags direkt und unmittelbar ablesbar und nachvollziehbar sind.

2.9 Was bewirkt der Schatten auf dem Modul?

Versuchsaufbau: Solarmodul, Steckbrett, Motor oder LEDs mit Vorwiderstand.

Hinweis:
Für die folgenden Experimente benötigen Sie eine helle Lichtquelle (oder vollen, direkten Sonnenschein) für das Solarmodul.

Abb. 2.27: Die Beschattung auf dem Modul kann ganz unterschiedliche Ursachen haben und sich auf verschiedene Weise auswirken.

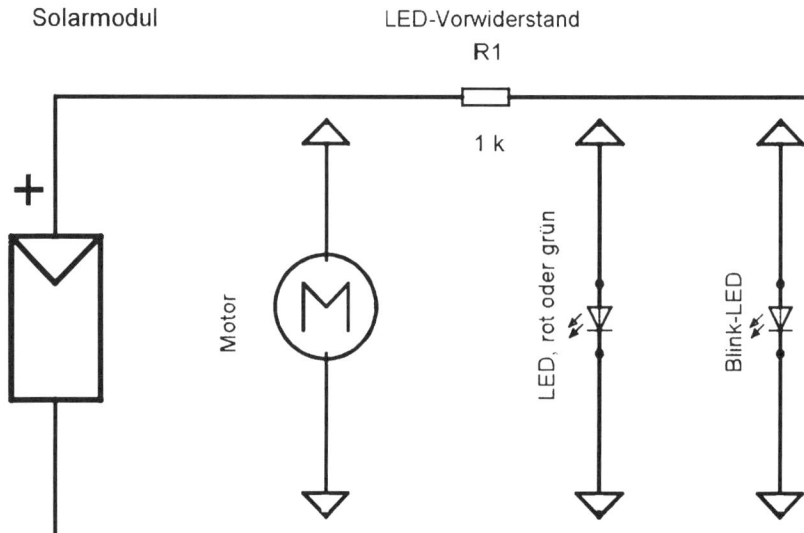

Abb. 2.28: An das Solarmodul können alternativ der Motor oder die LEDs mit dem 1-K-Vorwiderstand angeschlossen werden.

Der Motor ist am Modul angeschlossen, das Modul zur Lichtquelle ausgerichtet, die Motorwelle dreht sich. Beschatten Sie mit der Hand jetzt langsam einen Teil des Moduls. Die Drehzahl des Motors wird jetzt langsamer oder der Motor hört ganz auf sich zu drehen. Oder der Ausschlag des Galvanometers aus Kapitel 2.8 zeigt einen geringeren Wert an.

Hinweis:

Diese und die folgenden Experimente im **Kapitel 2** können mit dem Motor mit dem in Kapitel 2.8. konstruierten Galvanometer und auch mit den beiliegenden LEDs durchgeführt werden. Sie können dazu die rote, grüne oder auch Blink-LED verwenden. Die Blink-LED (neben dem Motor) eignet sich am besten dafür. Anstelle des Motors wird einfach die LED mit einem 1-K-Vorwiderstand in das Steckbrett eingesteckt. Zur Erinnerung: Der längere LED-Anschluss ist der Pluspol.

Führen Sie die Experimente draußen bei hellem Sonnenschein durch, ist der Motor und der Galvanometer als Verbrauchsanzeige besser zu erkennen. Das Leuchten der LED ist im hellen Umgebungslicht kaum zu sehen. Doch ist es auch möglich, das Sonnenlicht von der LED mit einem Stück Karton abzuschirmen.

Jetzt können Sie weitere Experimente in dieser Art machen:

Erzeugen Sie einen leichten Schatten durch eine zusätzliche Glasscheibe oder eine matte Folie, die zwischen Lichtquelle und Solarmodul gehalten wird.

Einen harten Schatten erzeugen Sie durch ein Stück Pappe oder Holz, das Sie direkt über das Solarmodul halten.

Einzelne Bereiche des Solarmoduls beschatten Sie, indem Sie ein Stück Pappe direkt auf einen Teilbereich des Solarmoduls legen.

Die Beschattungsversuche können Sie auch mit einer an dem Solarmodul angeschlossenen LED durchführen. Was passiert mit der roten, der grünen und der Blink-LED bei leichtem Schatten, bei hartem Schatten und beim Abdecken von einzelnen Bereichen?

Hinweis:
Bei großen PV-Anlagen, die mit kristallinen Solarmodulen ausgestattet sind, ist das Beschattungsthema immer wieder brisant. Damit bei einer Teilbeschattung, z. B. durch ein Laubblatt, nicht der ganze Solargenerator ausfällt, werden Schottky-Dioden als Bypass zur Umleitung des Stroms um die beschattete Solarzelle verwendet. Bei fehlerhaften Bypassdioden kann es im Extremfall zu einem „Hotspot" kommen, bei dem Solarzellen zerstört werden (siehe Abb. 2.30).

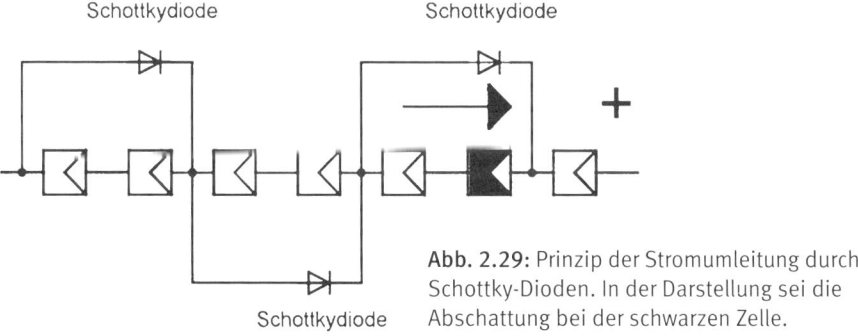

Abb. 2.29: Prinzip der Stromumleitung durch Schottky-Dioden. In der Darstellung sei die Abschattung bei der schwarzen Zelle.

Für den Alltag:
Funktioniert die Stromumleitung bei einer Teilbeschattung des Solarmoduls nicht oder nur mangelhaft, kann sich die beschattete Zelle dermaßen erhitzen, dass dadurch Teile der Solarzelle unter Umständen sogar zerstört werden.

Abb. 2.30: Zerstörtes Solarmodul durch einen „Hotspot" (am Flachverbinder).

2.10 Ausrichtung des Moduls zur Lichtquelle

Versuchsaufbau Solarmodul, Steckbrett, Motor.

> **Hinweis:**
> Für die folgenden Experimente benötigen Sie eine helle Lichtquelle (oder vollen, direkten Sonnenschein) für das Solarmodul.

Nehmen Sie das Solarmodul zwischen Daumen und Zeigefinger (ohne die Oberfläche zu beschatten) und richten Sie die Oberfläche des Moduls möglichst rechtwinkelig zur Lichtquelle aus. Wie schnell dreht sich die Motorachse? Variieren Sie nun durch Hin- und Herbewegen des Solarmoduls die Ausrichtung zur Lichtquelle und beobachten Sie den Motor.

> **Ergo:** Je senkrechter die Lichtstrahlen auf das Solarmodul auftreffen, desto mehr Lichtenergie können die Solarzellen in elektrischen Strom umwandeln und damit den Motor versorgen.

Abb. 2.31: Experiment mit der Ausrichtung des Moduls zur Lichtquelle.

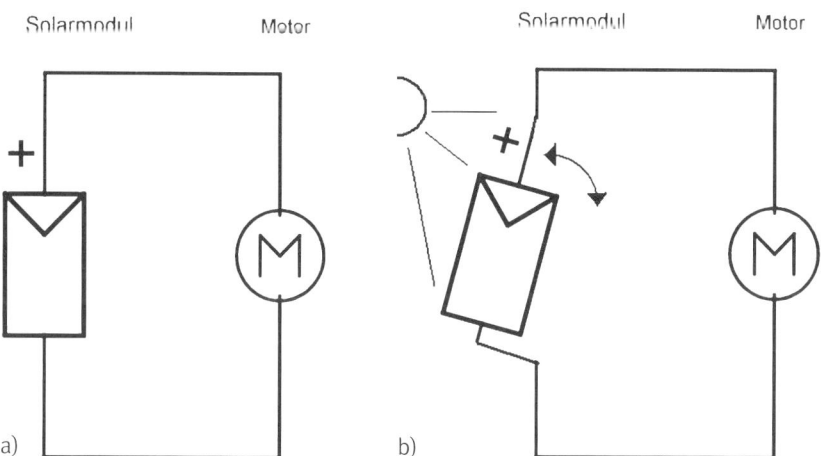

Abb. 2.32: Schaltbild mit zwei prinzipiellen Ausrichtungen

Richten Sie das Solarmodul durch Unterlegen von Pappe, Holzklötzchen usw. genau zur Sonne hin aus. Beobachten Sie den Motor. Wie weiter oben beschrieben dreht sich die Motorachse. Nun haben Sie sich eine Pause verdient. Warten Sie z. B. eine Stunde (oder auch mehrere Stunden) und schauen Sie sich dann Ihre Versuchsanordnung

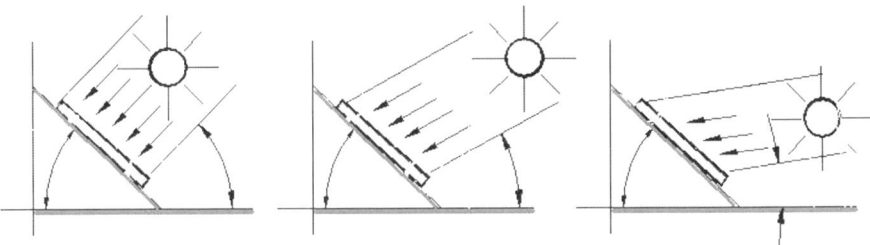

Abb. 2.33: Neigungswinkel des Solarmoduls zur Lichtquelle. Die Anzahl der auf das Solarmodul auftreffenden Pfeile steht für die Lichtintensität.

wieder an. Die Sonne steht nicht mehr genau senkrecht zum Solarmodul, der Motor dreht sich langsamer oder ist sogar stehen geblieben.

Da sich die Lichtquelle Sonne am Himmel (scheinbar) von Osten nach Westen bewegt, sollte das Solarmodul zur optimalen, dauerhaften Ausrichtung der Sonne nachgeführt werden.

Hinweis:
Große PV-Anlagen werden zum Teil tatsächlich durch eine mechanische Nachführung und elektronische Steuerung optimal zur Sonne positioniert.

Anwendung im Alltag:
Nachführsysteme, auch als Tracking-Systeme bezeichnet, haben in Perfektion zwei Achsen im Raum zur Nachführung.

Es gibt die senkrechte Achse (Elevation), die den Neigungswinkel des Solarmoduls verändert. Der Neigungswinkel ist hauptsächlich von der Jahreszeit und vom Breitengrad abhängig.

Die zweite Achse – die waagrechte Achse (Azimut) – ist zuständig für die Ausrichtung zur Sonne bezogen auf die Himmelsrichtung. Die Ausrichtung (Himmelsrichtung) des Solarmoduls zur Sonne ist abhängig von der Tageszeit und verändert sich von der aufgehenden Sonne im Osten zur untergehenden Sonne im Westen.

Durch die Nachführung des Solargenerators kann über das Jahr bis zu 40 % mehr Energieertrag erreicht werden.

2.11 Zusätzlicher Energieertrag durch Spiegeltechnik?

Versuchsaufbau: Solarmodul, Steckbrett, Motor, Spiegel (als Spiegel eignen sich spiegelnde Metalle, Spiegelfliesen, Kosmetikspiegel, Spiegelfolie usw.). Der Spiegel sollte mindestens so groß sein wie das Solarmodul.

Abb. 2.34: Zweiachsiges, professionelles Nachführsystem.

Hinweis:
Für die folgenden Experimente benötigen Sie eine helle Lichtquelle (oder vollen, direkten Sonnenschein) für das Solarmodul.

Der Versuchsaufbau mit dem Solarmodul und dem Motor ist identisch mit denen der vorhergehenden Versuche. Beim Positionieren der Spiegel können Sie das gespiegelte Licht, je nach Ausrichtung des Spiegels, auf dem Tisch, an der Wand oder auf dem Solarmodul sehen. Durch den Spiegel sollte das Solarmodul nicht beschattet werden. Wenn das gespiegelte Licht zusätzlich zum direkten Licht auf das Solarmodul fällt, beobachten Sie bitte den Motor.

Abb. 2.35: Im Versuch wurde eine Spiegelfliese unterhalb des Solarmoduls gelegt.

a) Spiegelposition vorn, unterhalb des Solarmoduls. Durch Veränderung des Neigungswinkels des Spiegels zum Modul kann die doppelte Lichtmenge auf das Modul gebracht werden.

b) Zwei Spiegel seitlich rechts und links. Bei guter Ausrichtung der Spiegel zum Modul kann bis zur dreifachen Menge Licht auf das Modul gebracht werden.

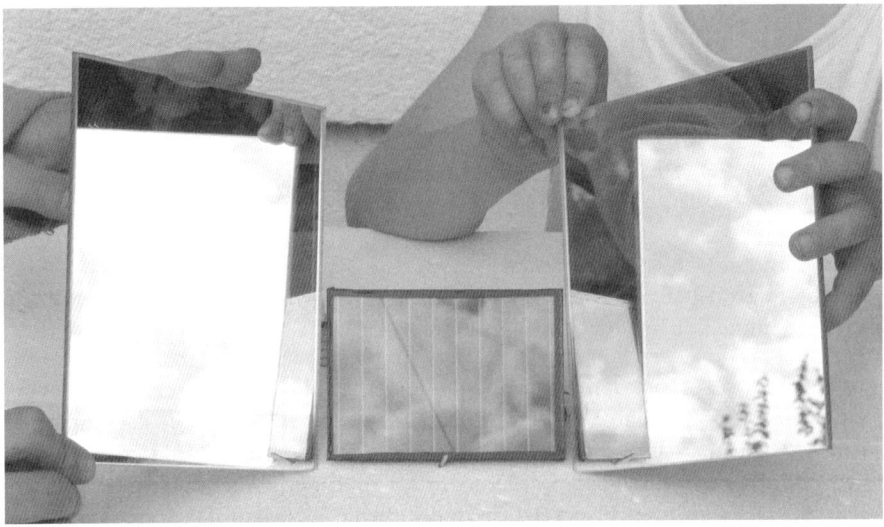

Abb. 2.36: Sollen die Spiegel seitlich angeordnet werden, braucht man schon Helfer!

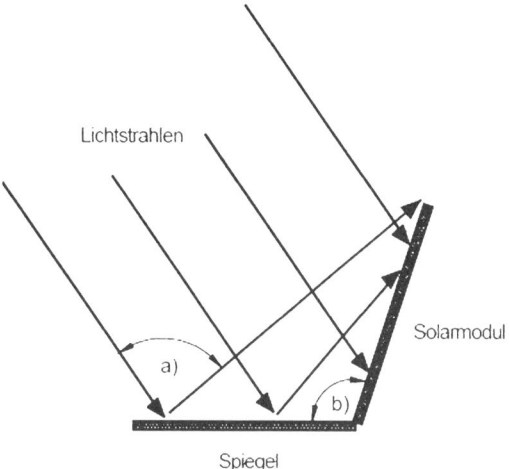

Abb. 2.37: Das Spiegelprinzip: Die vom Spiegel auf das Solarmodul reflektierten Lichtstrahlen bringen zusätzliche Energie. Zu beachten ist, dass der Einfallwinkel auf den Spiegel gleich dem Ausfallwinkel vom Solarmodul ist.

Ist der Spiegel im richtigen Winkel zum Solarmodul ausgerichtet, wird die Lichtleistung zum Solarmodul um den gespiegelten Anteil erhöht. Damit kann auf einfache Weise die elektrische Leistungsabgabe des Solarmoduls erhöht werden. Die Grenze liegt in der zusätzlichen Erwärmung der Solarzellen (siehe auch 2.12), was wiederum eine Leistungsminderung bedeuten würde. Daher wurde schon damit experimentiert, Hybridzellen mit Spiegel oder Fresnel-Linsen so zu konstruieren, dass deren Wärme als thermische Energie (z. B. zur Warmwasserbereitung) abgeführt und der Strom als elektrische Energie mit gutem Wirkungsgrad abgenommen werden kann.

Anwendung im Alltag:

Eine spiegelnde Fläche könnte z. B. auch ein See unterhalb einer PV-Anlage auf dem Hausdach sein, oder aber ein Segelboot mit einer Solaranlage befindet sich direkt im spiegelnden Wasser.

Die Idee ist bestechend, Sonnenlicht optisch mit Linsen oder Spiegeln zu konzentrieren und damit einen Teil der teuren Solarzellen zu sparen. Im Profibereich wird die Konzentratortechnologie mit den unterschiedlichsten Mittel realisiert.

In der Hauptsache kommen Systeme mit Fresnel-Linsen und Trippel-Solarzellen zum Einsatz. Die Konzentratorsysteme müssen allerdings exakt der Sonne nachgeführt werden, was die Systeme sehr aufwendig macht. Die Ertragssteigerung kann, bei Ausnutzung aller Möglichkeiten, bei bis zu über 90 % (zusätzlich) liegen.

Abb. 2.38: Nachgeführtes Konzentratorsystem mit Fresnel-Linse und 250-facher Konzentration (Testgelände in Arizona), Quelle: Amonix, Inc.

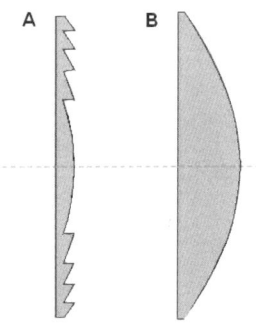

Abb. 2.39: Prinzip einer Fresnel-Linse (A) im Vergleich zu einer normalen Linse (B). Die Fresnel-Linse wurde von Augustin Jean Fresnel ursprünglich zur Bündelung des Lichts in Leuchttürmen entwickelt. Der Vorteil dieser Linsenform: Man benötigt weniger Material zur Bündelung der Lichtstrahlen, die Linse kann aus transparenten Platten hergestellt werden.

2.12 Welchen Einfluss hat die Temperatur?

Versuchsaufbau: Solarmodul, Steckbrett, Motor oder LEDs, schwarze Folie oder Pappe.

Hinweis:
Für die folgenden Experimente benötigen Sie eine helle Lichtquelle (oder vollen, direkten Sonnenschein) für das Solarmodul.

Abb. 2.40: Versuchsaufbau. Welchen Einfluss hat die Temperatur auf das Solarmodul? Die Temperaturaufnahme des Oberflächenthermometers wurde mit einer Wäscheklammer am Modul befestigt.

In diesem Versuch können Sie sich mit dem Einfluss der Umgebungstemperatur auf die Leistungsabgabe des Solarmoduls beschäftigen.

Das Solarmodul sollte direkt zur Sonne ausgerichtet sein, der Motor oder eine LED können als Leistungsanzeige verwendet werden. Schwarzes Papier oder Pappe, die vorübergehend auf das Solarmodul gelegt werden, wärmen dieses stärker auf.

Wenn Sie dieses Experiment an einem warmen, sonnigen Sommertag durchführen (vorteilhaft), brauchen Sie natürlich keine schwarze Pappe. Ansonsten verstärkt diese den Aufwärmungseffekt. Eine schwarze Oberfläche nimmt die Wärme schneller auf.

Bauen Sie die Versuchsanordnung in direkter Sonne auf, schauen Sie nach der Leistungsabgabe des Motors oder der eingesteckten LED. Fühlen Sie mit der Hand die Oberflächentemperatur des Solarmoduls.

Hinweis:
Wenn kein Sonnenlicht zur Verfügung steht, kann dieser Versuch auch unter der Schreibtischlampe durchgeführt werden. Am besten eignen sich für diesen Versuch Leuchten, die mit Glühlampen bestückt sind.

Die Variante mit schwarzer Pappe oder Folie:
Lassen Sie die Versuchsanordnung mit Solarmodul und Motor unter der Lichtquelle laufen. Dann legen Sie die schwarze Pappe oder Folie auf das Solarmodul, warten 15 bis 30 Minuten, nehmen die Abdeckung wieder weg, fühlen, wie heiß die Oberfläche des Solarmoduls ist, und schauen sich nun die Leistungsabgabe des mit dem Solarmodul verbundenen Motors an.

Die dunkelrote oder blaue Oberflächenbeschichtung des Solarmoduls bewirkt, dass möglichst viel Licht absorbiert und möglichst wenig reflektiert wird. Der Nachteil ist, dass die Oberfläche sich entsprechend stark aufwärmt. Bei direktem Sonnenschein ist eine Erwärmung der Moduloberseite auf über 60 °C keine Seltenheit.

Durch das Experiment können Sie erkennen: Der an das Solarmodul angeschlossene Verbraucher läuft bei zunehmender Erwärmung des Solarmoduls etwas langsamer. Legen Sie das Modul eine halbe Stunde in den Kühlschrank und wiederholen Sie anschließend das Experiment mit dem Solarmodul in voller Sonne und angeschlossenem Motor.

Bei einer konstanten Einstrahlung nimmt die Spannung des Solarmoduls mit zunehmender Temperatur um ca. 1–3 mV (Millivolt) pro C° und pro Zelle ab. Bei einer Temperaturerhöhung von 60 °C sind dies etwa 1,0 bis 1,5 V weniger, gemessen am Solarmodul.

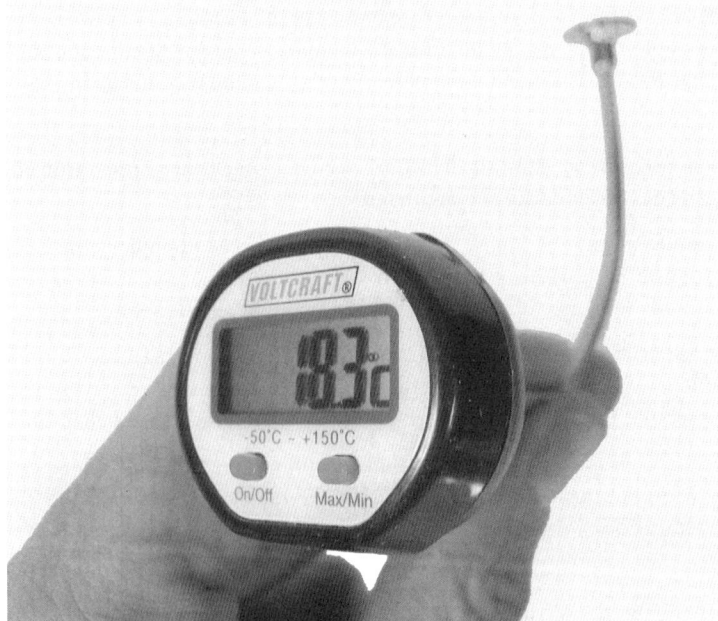

Abb. 2.41: Oberflächenthermometer. Damit kann z. B. auf der Modulrückseite die Temperatur abgenommen werden.

Daher wird die Leistung einer Solarzelle oder eines Solarmoduls bei einer festgelegten Temperatur von 25 °C angegeben.

Das amorphe Modul hat aber grundsätzlich weniger thermische Probleme als Module aus kristallinen Solarzellen. Daher sind Dünnschichtmodule in einem heißen Sommer von Vorteil.

Anwendung im Alltag:
Nun können Sie auch nachvollziehen, warum darauf geachtet werden sollte, dass die Solarmodule im Betrieb möglichst kühl bleiben. Dies kann z. B. dadurch erreicht werden, dass eine ausreichende Hinterlüftung den Solargenerator auf natürliche Weise kühlt (siehe auch im Kapitel *Messtechnik*). Die Einstrahlungswerte (KW pro Stunde) aus PV-Anlagen sind an kühlen klaren Wintertagen (abgesehen davon, dass die Sonnenscheindauer viel kürzer ist) oft am besten.

2.13 Messtechnische Möglichkeiten

Achtung: Die in diesem Kapitel genannten Messgeräte sind nicht im Lernpaket „Solarenergie" enthalten.

Die messtechnischen Möglichkeiten können Sie sich entweder von der Theorie her klarmachen oder mit einem Messgerät (Multimeter) praktisch durchführen

2.13.1 Messen der Spannung (Leerlaufspannung)

Versuchsaufbau: Solarmodul, Steckbrett, Multimeter mit dem Messbereich: Gleichspannung

---

Hinweis:
Für die folgenden Experimente benötigen Sie eine helle Lichtquelle (oder vollen, direkten Sonnenschein) für das Solarmodul.

Vorgehensweise: Messen Sie die Leerlaufspannung des Solarmoduls bei voller Sonne, im Halbschatten und bei totalem Schatten.

Die gemessenen Werte können Sie z. B. in eine Excel-Tabelle eintragen.

Der Computer kann dann die Kurve zeichnen.

Die Leerlaufspannung des Moduls ist höher als die Spannung unter Belastung. Dies können Sie nachprüfen, indem Sie während der Messung den Motor parallel zu den Messstrippen anschließen.

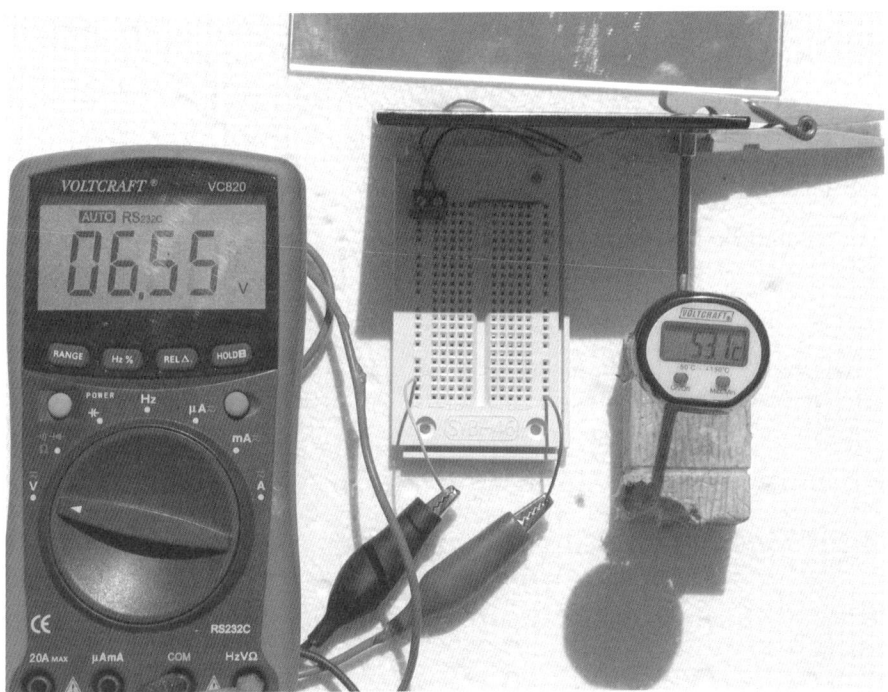

Abb. 2.42: Solarmodul bei voller Sonne und mit Spiegel. Das Multimeter, Messbereich Gleichspannung, zeigt 6,55 Volt Leerlaufspannung an. Die Temperaturanzeige des Oberflächenthermometers ist für diesen Versuch nicht erforderlich, aber doch ganz spannend. Die Aufnahme wurde an einem Sommertag mit ca. 30 °C im Schatten gemacht. Die Modultemperatur kam dabei auf einen Wert von 53 °C.

Solarmodul   Multimeter

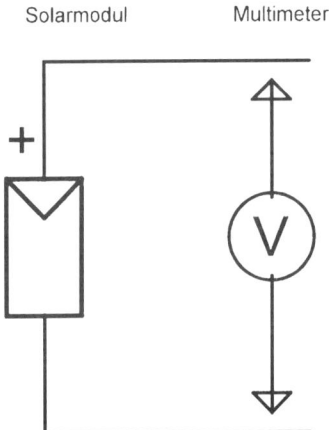

Abb. 2.43: Messen der Leerlaufspannung am Solarmodul.

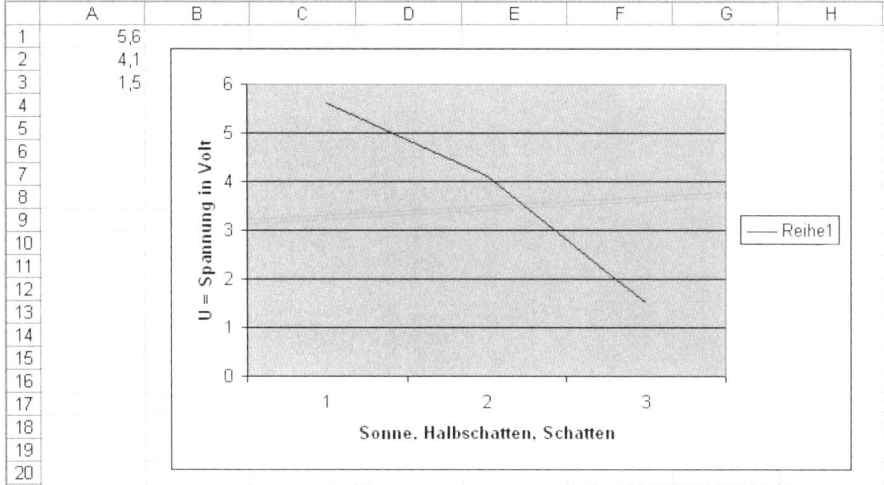

Abb. 2.44: Beispiel Spannungskurve (ohne Spiegel), mithilfe einer Excel-Tabelle am Computer erstellt.

Anwendung im Alltag:
Es ist sinnvoll, die Leerlaufspannung eines Solarmoduls zu ermitteln, um z. B. die Lade-Endspannung eines Akkus darauf abzugleichen. Ist die Leerlaufspannung zu niedrig, kann der Akku möglicherweise nicht vollständig aufgeladen werden.

2.13.2 Messen von Strom (Kurzschlussstrom)

Versuchsaufbau: Solarmodul, Steckbrett, Multimeter mit dem Messbereich Gleichstrom.

Hinweis:
Für die folgenden Experimente benötigen Sie eine helle Lichtquelle (oder vollen, direkten Sonnenschein) für das Solarmodul.

Vorgehensweise: Messen Sie den Kurzschlussstrom vom Solarmodul bei voller Sonne, im Halbschatten und bei totalem Schatten.

Die gemessenen Werte können Sie z. B. in eine Excel-Tabelle eintragen und anschließend von dem Programm eine Kurve zeichnen lassen. Dazu drücken Sie in der Bearbeitungsleiste (Bildschirm) auf den Button: Diagramm-Assistent. Oder aber Sie tragen die Werte in eine einfache, selbst angefertigte Tabelle ein und zeichnen die Kurve per Hand nach.

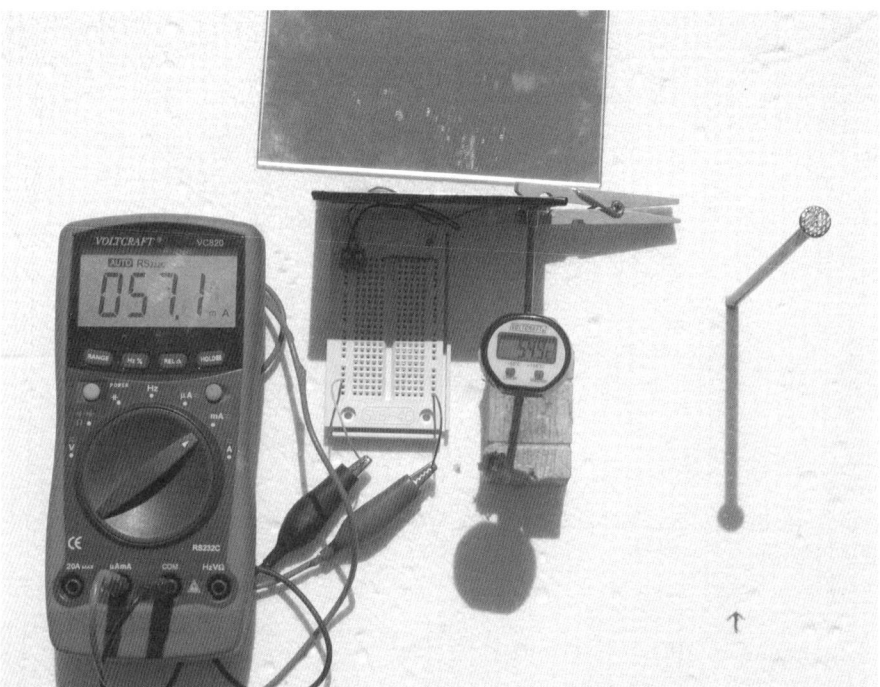

Abb. 2.45: Gleiche Versuchsanordnung wie in Abb. 2.43, diesmal jedoch mit dem Messbereich Gleichstrom. Der Kurzschlussstrom beträgt im Beispiel 57 mA, was ein guter Wert ist, auch dank des Spiegels. Das Oberflächenthermometer zeigt 54 °C an. Der Nagel dient zur optimalen Ausrichtung zur Sonne.

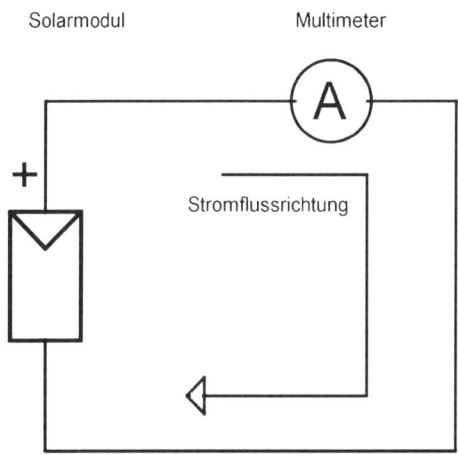

Solarmodul Multimeter

Stromflussrichtung

Abb. 2.46: Den Kurzschlussstrom mit dem Multimeter am Solarmodul messen

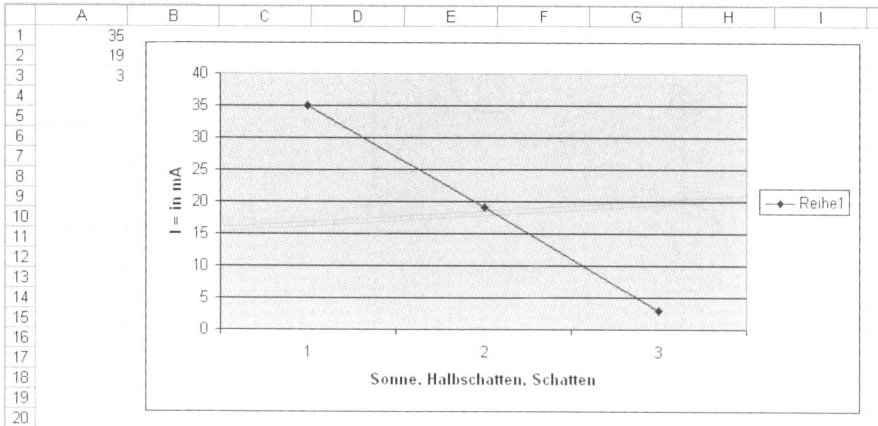

Abb. 2.47: Beispiel einer Stromkurve die mit dem Computer erstellt wurde.

Der Kurzschlussstrom ist höher als der Stromfluss mit einem angeschlossenen Verbraucher. Dies können Sie nachprüfen, indem Sie den Motor in Reihe geschaltet zum Messinstrument hinzufügen.

Anwendung im Alltag:
Durch Messen des Kurzschlussstroms bei bekannter Spannung ist es möglich, die ungefähre Leistungsfähigkeit (Ladestrom) eines Solarmoduls zu ermitteln.

2.13.3 Die Solarkennlinie messen

Um die Kennlinie des Solarmoduls oder auch einzelner Solarzellen zu messen, bauen Sie die Schaltung nach Abb. 2.48 auf Ihrem Steckbrett auf.

Hinweis:
Für die folgenden Experimente benötigen Sie eine helle Lichtquelle (oder vollen, direkten Sonnenschein) für das Solarmodul.

Ist S1 offen, messen Sie die Leerlaufspannung. Wenn der Drahtschalter S1 geschlossen ist, können Sie durch Verändern des variablen Widerstands R1 die Leistungsabgabe verändern und damit die unterschiedlichen Lastwiderstände eines Verbrauchers „R" einstellen.

Die Messung ist selbst für Profis nicht ganz einfach. Das Multimeter sollte bei der Spannungsmessung sehr hochohmig und bei der Strommessung niederohmig sein.

Die Messung hat den Zweck, die Solarkennlinie und damit den MPP (Maximum-Powerpoint) zu ermitteln. Das ist der Punkt bei dem das Solarmodul die größte Leis-

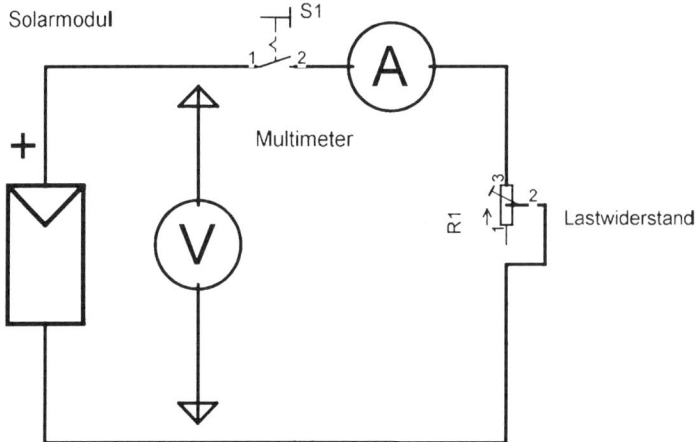

Abb. 2.48: Messen der Solarkennlinie mit einem Verbraucher in Form eines Lastwiderstands R. In der Praxis wird dazu ein veränderbarer Widerstand im Ohm-Bereich (0 bis 100 Ohm) verwendet. Damit ist es möglich, die unterschiedlichen Lastzustände einzustellen und zu messen. Als Ersatz können Sie eine Bleistiftmine aus einem Druckbleistift verwenden und mit den Krokoklemmen den Widerstandswert abgreifen.

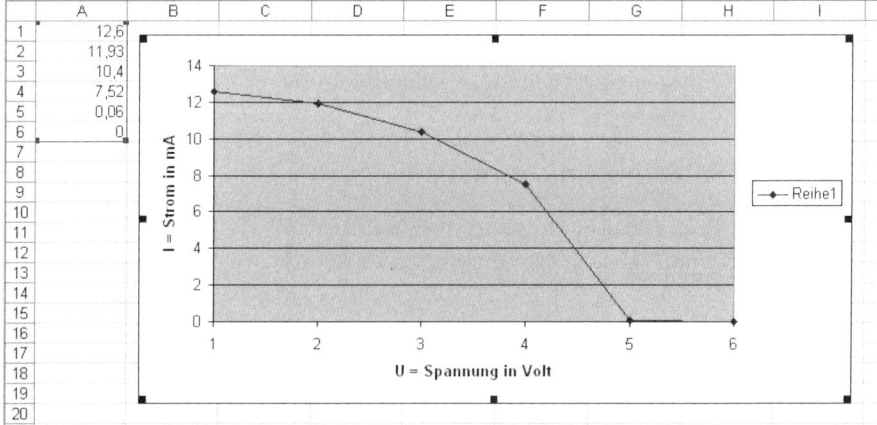

Abb. 2.49: Kennlinie Solarzelle abhängig vom Lastwiderstand R.

tung aus dem Produkt Strom und Spannung bringt. Mit der Formel U (Spannung in Volt) × I (Strom in Ampere) = P (Leistung in Watt) wird der Wert errechnet.

Anwendung im Alltag:
Ermitteln der Leistungsdaten von Solarzelle oder Solarmodulen als Grundlage für die Berechnung der Leistungsfähigkeit einer kompletten PV-Anlage. Automatische Anpassung des Wechselrichters an den MPP mit dem Maximum-Powertracker.

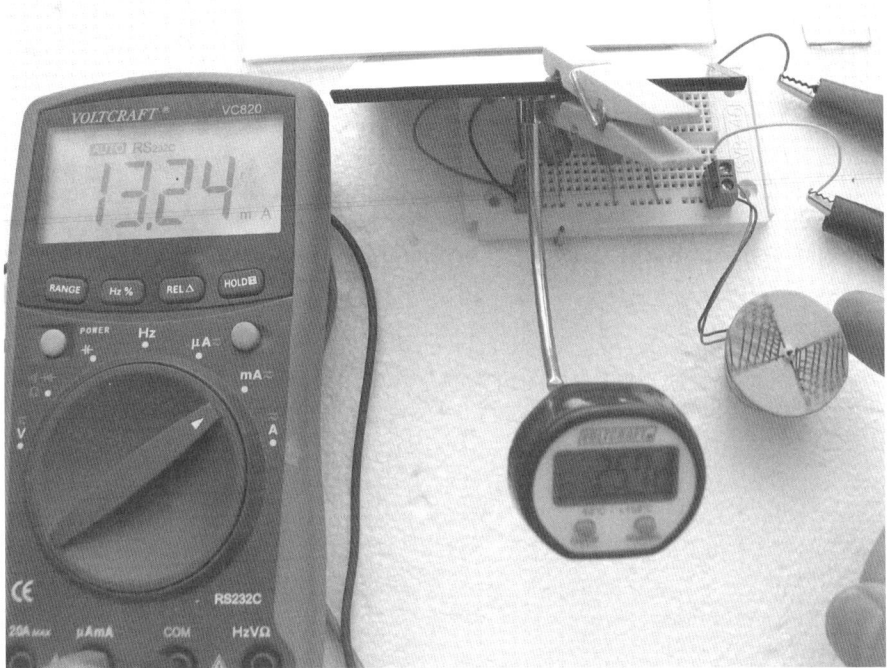

Abb. 2.50: In dieser Versuchsanordnung wurde der Motor als Lastwiderstand verwendet und beim vorsichtigen Abbremsen mit dem Finger (höherer Stromverbrauch) der Stromfluss beobachtet.

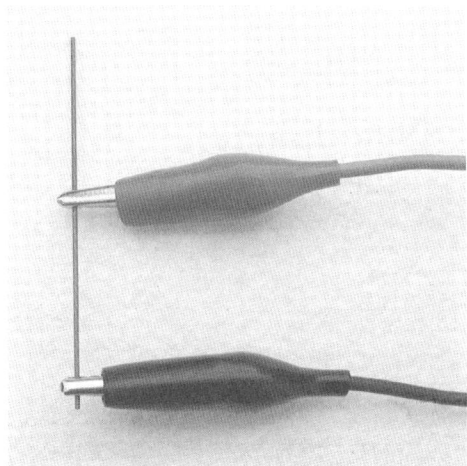

Abb. 2.51: Lastwiderstand R aus einer Bleistiftmine, abgegriffen mit den Krokoklemmen. Zuerst Ausmessen des Widerstandswertes der Bleistiftmine. Meine 0,7-mm-Druckbleistift-Mine hatte auf die gesamte Länge einen Widerstand von ca. 2,5 Ohm.

Leistungsmessung bei zunehmender Temperatur

Sie können den Versuch aus Kapitel 2.12, „Welchen Einfluss hat die Temperatur?" wiederholen. Diesmal werden Spannung und Kurzschlussstrom mit dem Multimeter gemessen.

Wie Sie bereits im letzten Kapitel erfahren konnten, geht die Leistungsabgabe des Moduls mit steigender Erwärmung zurück. Der Kurzschlussstrom wird geringfügig höher, die Leerlaufspannung sinkt aber um etwa 3 mV pro °C. Das Produkt aus Strom und Spannung, die Leistung, reduziert sich somit bei zunehmender Erwärmung.

Ergo:
Mit dem Multimeter konnten Sie feststellen, dass die Leerlaufspannung bei steigender Temperatur sinkt und der Kurzschlussstrom geringfügig steigt. Bei konstanter Einstrahlung nimmt die Leistung einer Solarzelle somit mit zunehmender Temperatur ab.

Messen Sie die Spannung bei kalter und bei heißer Zellenoberfläche. Die Spannung wird der Einfachheit halber an der senkrechten Achse (Y-Achse) abgetragen.

Sie können die Werte z. B. in eine Excel-Tabelle eintragen und die Kurve zeichnen (oder vom Computer zeichnen lassen).

Anwendung im Alltag:
Vor allem in warmen Klimazonen kann sich die Leistung des Moduls durch die Temperaturerhöhung so weit reduzieren, dass z. B. die Akkus nicht mehr voll geladen werden können.

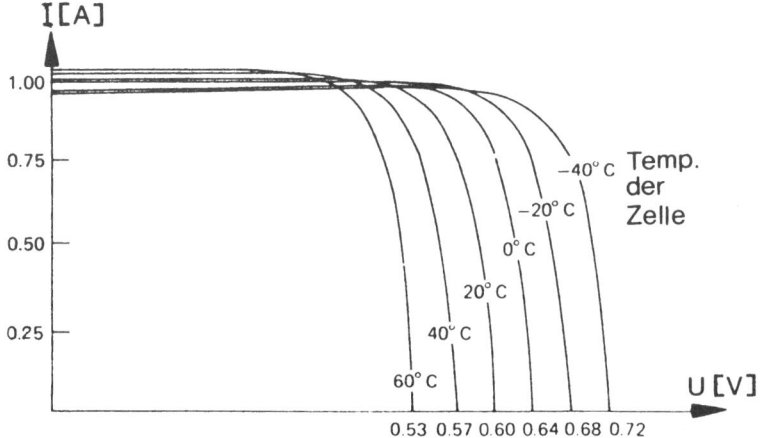

Abb. 2.52: Diagramm einer vom Hersteller vermessenen kristallinen Zelle. Dargestellt wird der Einfluss der Temperatur auf die Spannung und damit auf die Leistung der Solarzelle.

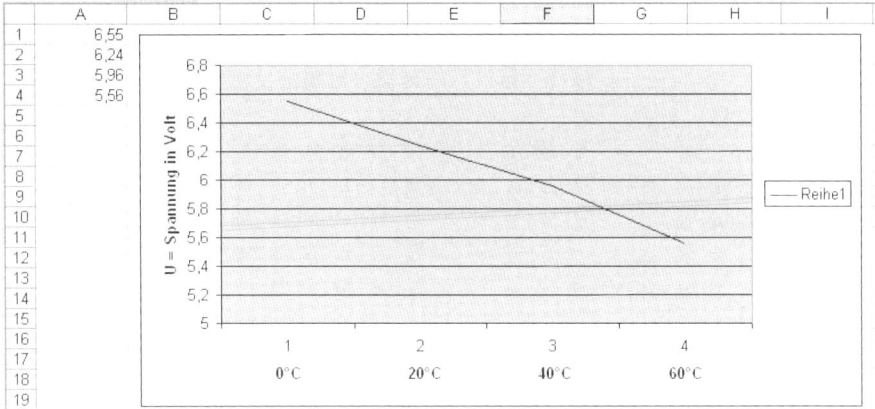

Abb. 2.53: Beispiel Temperaturkurve bei voller Sonne (ohne Spiegel). Die 0 °C-Temperatur wurde im Versuch mit dem Kühlfach manipuliert. Temperaturen gemessen an der Unterseite des Moduls.

2.13.4 LED als Solarzelle?

Versuchsaufbau: Steckbrett, Elko, LED, Multimeter.

Hinweis:
Für die folgenden Experimente benötigen Sie eine helle Lichtquelle (oder vollen, direkten Sonnenschein) für die LED.

Nach der Aussage in Kapitel 1 müsste eine LED, wenn sie angeleuchtet wird, wie eine Solarzelle Spannung abgeben. Da die Stromabgabe aber sehr gering ist, funktioniert die Messung nur daran, wenn ein Elko (Elko vorher gänzlich entladen) parallel zur LED als Zwischenspeicher angeschlossen wird. Nach ca. 30 Minuten bis zu einigen Stunden (je nach Lichtquelle) hat die LED den kleinsten Elko (100 µF) geladen. Mit dem Multimeter können Sie nun die Spannung messen: mehr als 1,2 V!

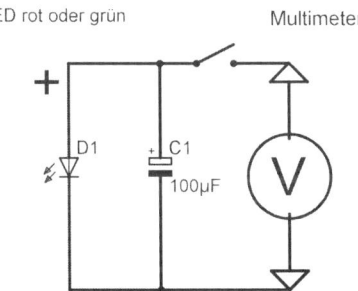

Abb. 2.54: Die LED wird als Solarzelle verwendet. Lässt sich der Elko (100 µF) damit aufladen und kann eine Spannung gemessen werden?

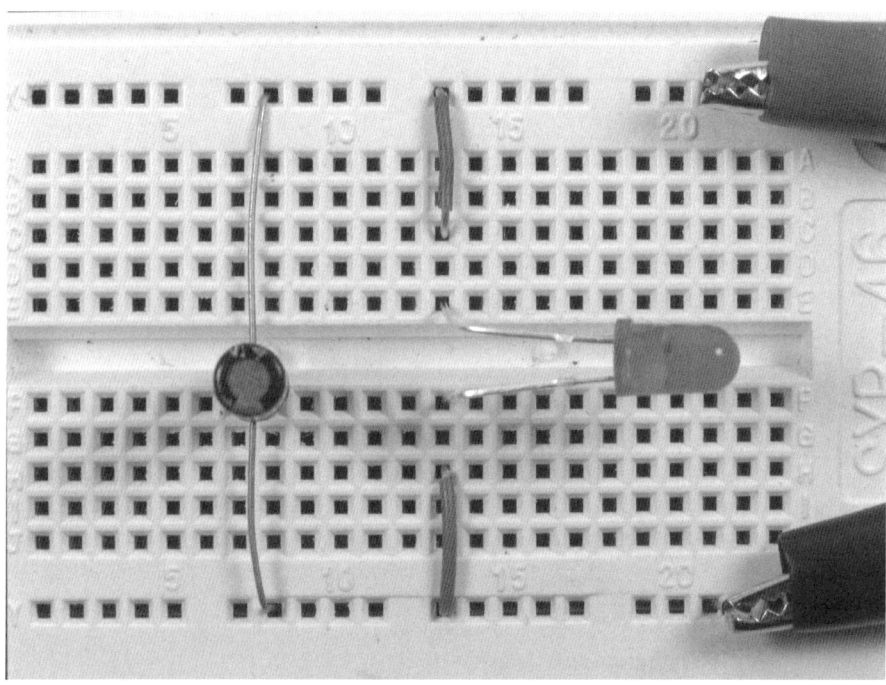

Abb. 2.55: Versuchsaufbau mit einer roten LED als Solarzelle. Es braucht einige Zeit, bis der Elko geladen ist. Das Messgerät erst später anklemmen.

3 Thema Energie

Durch die vorhergehenden Versuche konnten Sie erfahren, dass ein Solarmodul dann elektrische Energie liefert, wenn Licht darauf fällt. Die Randbedingungen wurden im Kapitel 2 experimentell ermittelt. Wie kann nun aber die vom Solarmodul gelieferte Energie weitergenutzt bzw. -verwendet werden?

Was passiert, wenn Licht auf das Solarmodul scheint, die „gelieferte" Energie aber nicht abgeholt (verbraucht) bzw. gebraucht wird?

Hinweis:
Die Experimentierreihe in Kapitel 3 ist so aufgebaut, dass die Versuche jeweils einen Schritt weitergehen. Sie brauchen daher nicht jedes Mal alle Teile wieder abbauen, sondern können auf dem vorhergehenden Versuchsaufbau weiter aufbauen, indem Teile dazugesteckt, weggenommen oder ausgetauscht werden.

3.1 Solarmodul, ohne Verbraucher

Versuchsaufbau: Solarmodul, Steckbrett.

Hinweis: Dieser Versuch funktioniert auch mit wenig Licht (bewölkter Himmel).

---

a) Lassen Sie das Solarmodul vom Licht bestrahlen. Die beiden Anschlussdrähte des Solarmoduls liegen frei da. Was passiert? Es gibt keine sichtbare Reaktion. Es passiert nichts! Es wird kein Strom abgenommen und auch scheinbar kein Licht in Strom umgewandelt.

b) Nun stecken Sie die beiden Anschlussdrähte des Solarmoduls in das Steckbrett ein. Verbinden Sie die obere und untere Reihe mit einem Drahtstück. Jetzt haben Sie einen Kurzschluss verursacht! Eine Batterie oder ein Akku würde sich mit einem Funken oder unter Erwärmung entladen, bei entsprechender Kapazität des Akkus (z. B. Autobatterie) gibt es Qualm und Rauch und das Verbindungskabel, das den Kurzschluss herbeiführt, glüht lichterloh (bitte nicht ausprobieren!). Bei unserem Solarmodul aber tut sich nichts!

Solarmodul

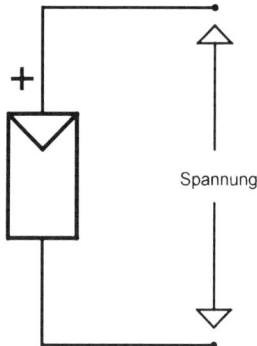

Spannung

Abb. 3.1: Solarmodul ohne Verbraucher.

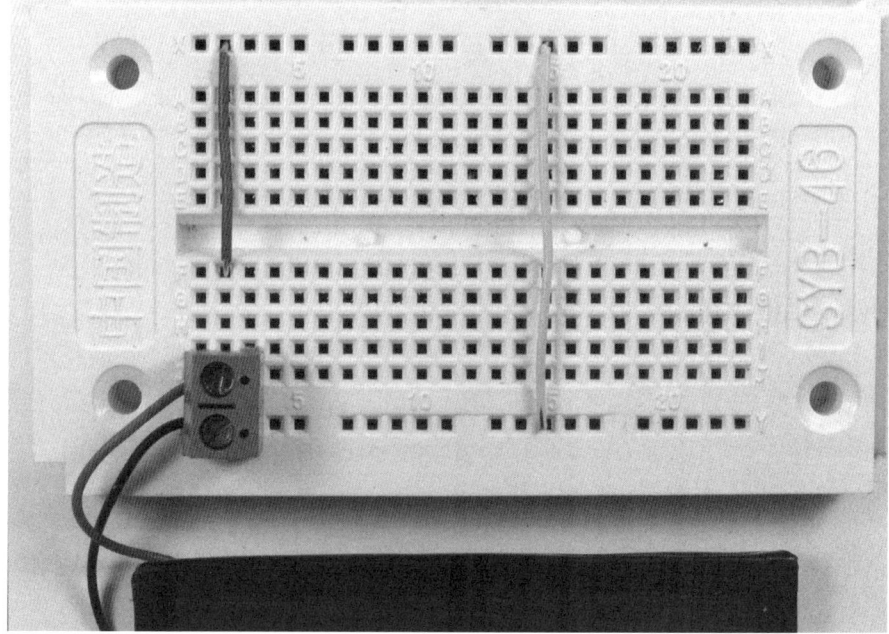

Abb. 3.2: Steckbrettaufbau, Solarmodul im Kurzschlussbetrieb.

Übrigens: In welcher Richtung fließt eigentlich der Strom?
Die Elektronen fließen vom Minus- zum Pluspol, das ist die „physikalische Strom-richtung" – im Gegensatz zur „technischen Stromrichtung", bei der per Definition der elektrische Strom vom Plus- zum Minuspol fließt. In den Schaltplänen (wie z. B. bei Halbleitern, Transistoren, Dioden und Solarzellen) wird die technische Strom-richtung verwendet.

Solarmodul

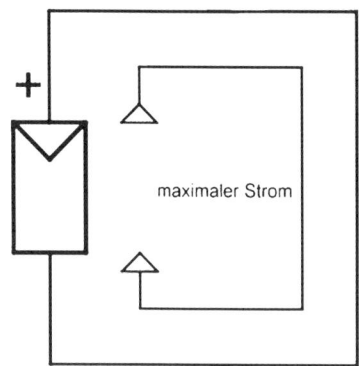

maximaler Strom

Abb. 3.3: Prinzipdarstellung im Kurzschlussbetrieb. Der Strom fließt im Kreis herum. Das Solarmodul wird dadurch nicht geschädigt. Die einzige messbare Reaktion ist: Je nach Strahlungsintensität erwärmt sich das Solarmodul im Kurzschlussbetrieb etwas stärker.

Bei einfachen Ladereglern in PV-Inselanlagen (Shunt-Laderegler) wird das Solarmodul, wenn der Akku vollgeladen ist, elektronisch einfach kurzgeschlossen (siehe auch Laderegler).

Vorsicht:

Das Kurzschlussexperiment bitte nicht bei Reihenschaltung mehrerer großer, leistungsstarker Solarmodule und bei Spannungen über 42 Volt durchführen! Bei hohen Gleichspannungen und Strömen besteht Lichtbogengefahr!

Solarmodul

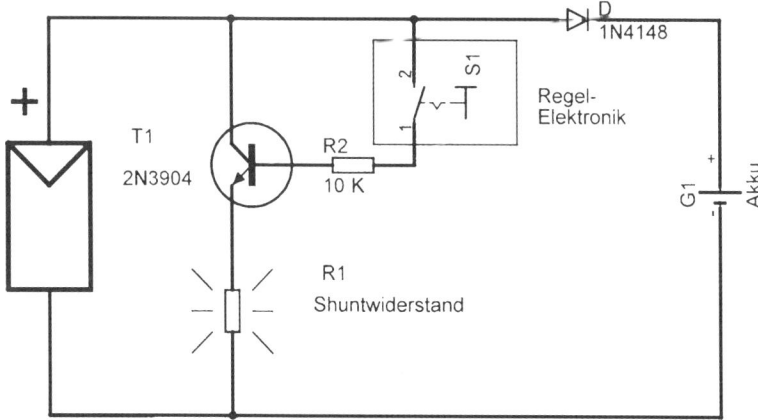

Abb. 3.4: Schema eines Shunt-Reglers in Verbindung mit dem Solarmodul, Transistor und Shunt-Widerstand R1. Die Regelelektronik ist symbolisch als Schalter dargestellt.

Anwendung im Alltag:
Das Prinzip findet Anwendung in der Laderegelung von Solarakkus mit einem Parallel-Shuntregler. Die Leistung des Solarmoduls wird, wenn der Akku voll geladen ist, über den Shunt-Widerstand verbraten (in Wärmeenergie umgewandelt).

Vorteil des Shunt-Reglers: Es gibt nur dann „Verluste", wenn der Akku voll geladen ist und damit sowieso „zu viel" Energie vom Solarmodul geliefert wird.

Dieses Regelprinzip wird heute aber kaum mehr verwendet.

3.2 Der Strom wird abgenommen

3.2.1 Die LEDs leuchten

Experimentieraufbau:

Solarmodul, Steckbrett, Vorwiderstand 1K, LED rot, grün, Blink-LED.

Hinweis: Dieser Versuch funktioniert auch mit wenig Licht (bewölkter Himmel).

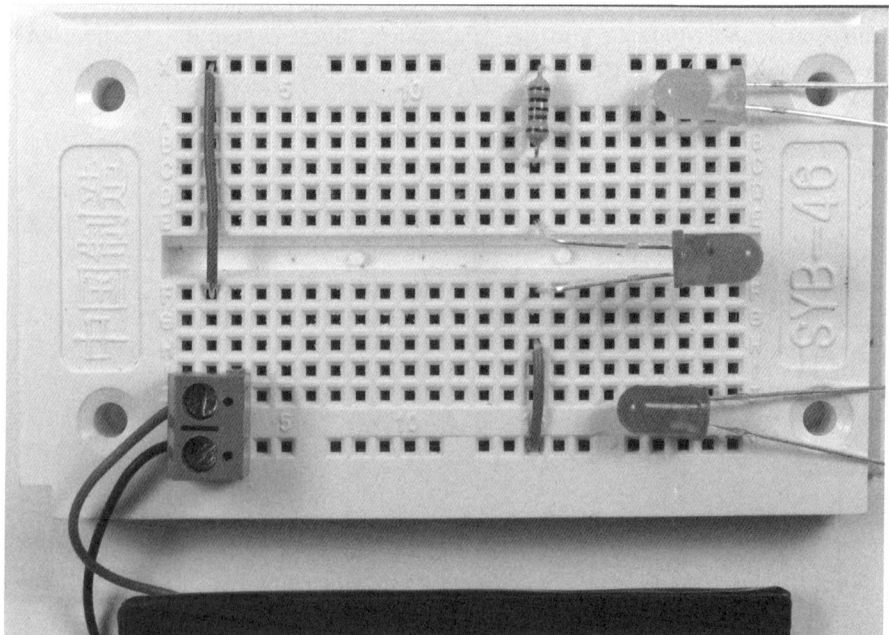

Abb. 3.5: Beim jetzigen Versuchsaufbau wird zusätzlich zum Solarmodul der Vorwiderstand mit 1 K eingefügt. Stecken Sie nacheinander die grüne, die rote und die Blink-LED in das Steckbrett. Sie erinnern sich? Der längere Anschlussdraht der LED ist der Pluspol.

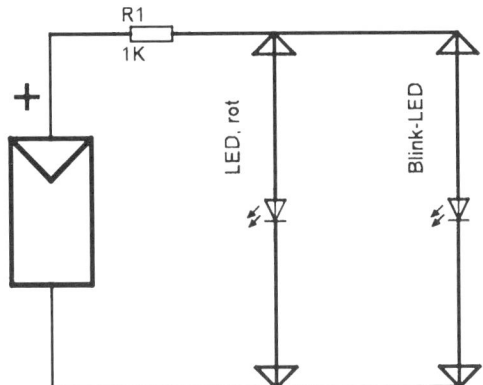

Solarmodul

Abb. 3.6: Das dazugehörige Schaltbild. Stecken Sie zuerst die grüne, die
rote und dann die Blink-LED in das
Steckbrett, um den Stromkreis zu
schließen.

Stecken Sie einen Anschluss des Solarmoduls aus. Was passiert? Die LEDs leuchten
nicht mehr. Stecken Sie ihn wieder ein, die LED leuchtet wieder.

Anwendung im Alltag:
Funktionskontrolle Solarmodul, Funktionskontrolle LED.

3.2.2 Kondensatorspeicher

Experimentieraufbau: Solarmodul, Steckbrett, Vorwiderstand 1K, LED rot, grün,
Blink-LED, Elko 100 µF, 1.000 µF und Elko 4 700 µF, Motor.

Hinweis: Diese Versuche funktioniert auch mit wenig Licht (Schatten, bewölkter
Himmel).

Versuchsreihe:

a) Stecken Sie den Elko 100 µF ein und beachten Sie dabei die Polung. Was passiert?
Die Blink-LED macht eine kurze Pause, dann blinkt sie wieder.
Nun schließen Sie den Motor an gleiche Kontaktreihe an wie den Elko. Was passiert?
Die Motorwelle macht einen kurzen Ruck, die LED hört auf zu blinken, der Elko
wurde komplett entladen. Er muss sich zuerst wieder aufladen, damit die LED
leuchten bzw. blinken kann.

b) Stecken Sie den Elko 1.000 µF ein. Was passiert?
Die Blink-LED macht eine längere Pause, dann blinkt sie wieder
Schließen Sie den Motor an gleiche Kontaktreihe an wie den Elko. Was passiert?
Die Motorwelle macht einige Umdrehungen, die LED hört auf zu blinken.

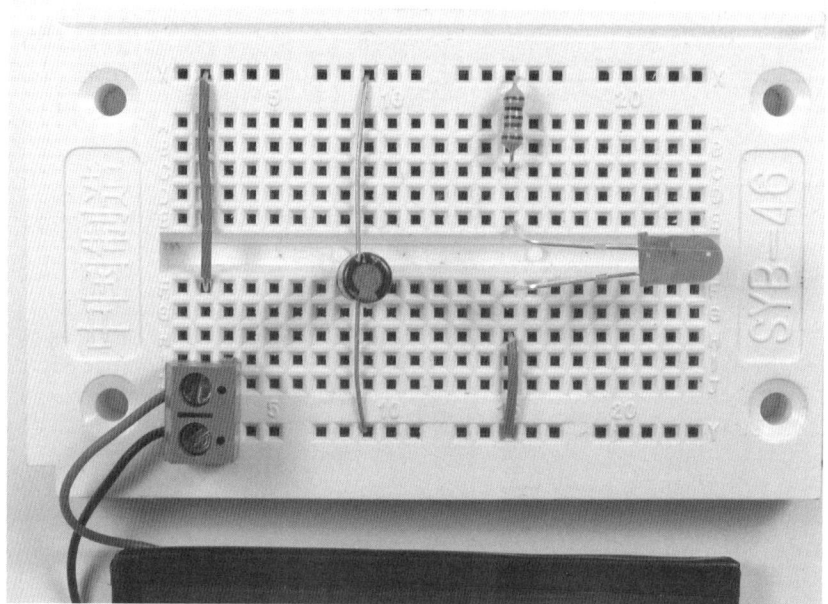

Abb. 3.7a: Steckbrettaufbau. Verwenden Sie die Blink-LED. Stecken Sie zuerst den kleinen Elko mit 100 µF ein (der längere Abschlussdraht ist der positive Pol).

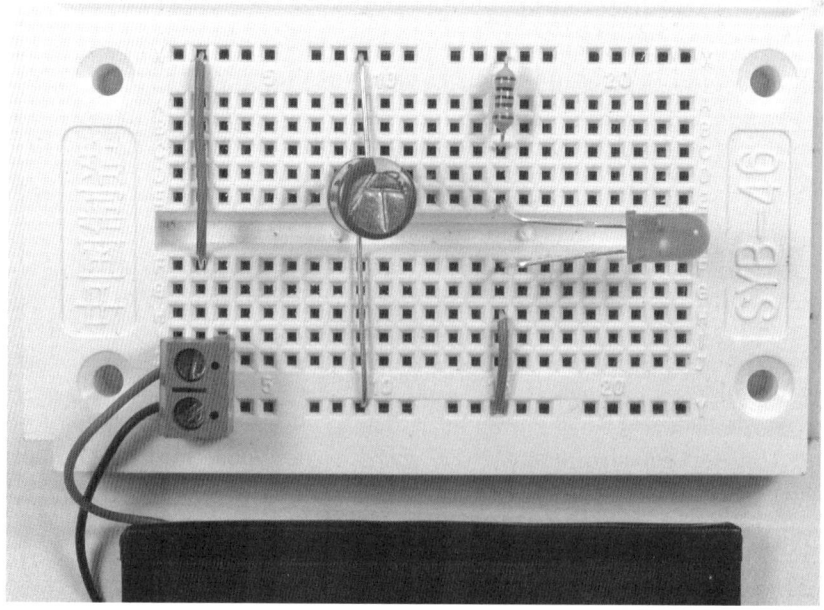

Abb. 3.7b: Dann tauschen Sie diesen gegen den Elko mit 1.000 µF.

Abb. 3.7c: Nun tauschen Sie den Elko, gegen den 4.700-µF-Elko aus. Was passiert nach dem Austausch? Die LED leuchtet nicht mehr, es dauert einige Zeit nach dem Einstecken der Elkos, bis die LED wieder leuchtet bzw. blinkt. Wird das Solarmodul abgedeckt, blinkt die LED weiter.

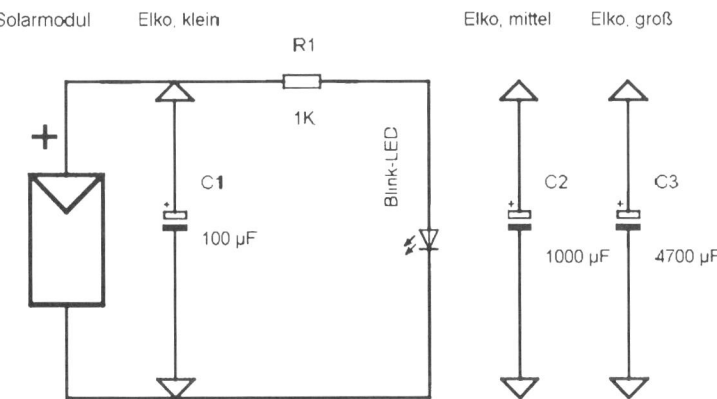

Abb. 3.8: Die Elkos C1, C2 und C3 sowie die LEDs können für die Versuche ausgetauscht werden. Wichtig: Denken Sie beim Anschluss der LEDs an den Vorwiderstand R1.

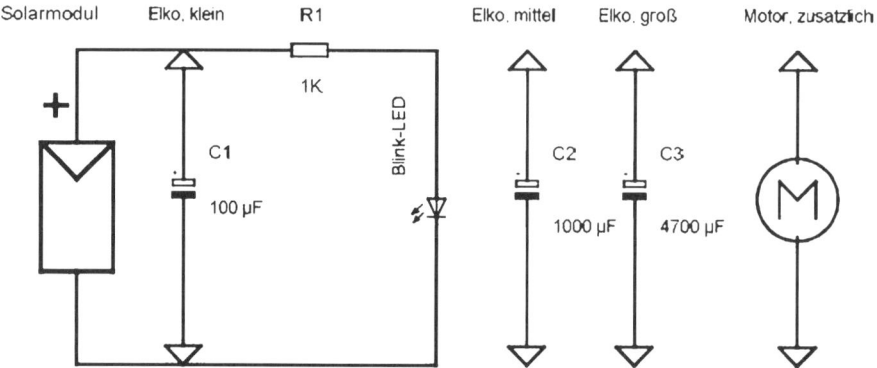

Abb. 3.9: Was passiert, wenn der Motor vorübergehend an den Pluspol und den Minuspol des Elkos angeschlossen wird?

c) Stecken Sie den Elko 4.700 µF ein. Was passiert?
Die Blink-LED macht eine lange Pause, dann blinkt sie wieder.
Schließen Sie den Motor an gleiche Kontaktreihe an wie den Elko. Was passiert?
Die Motorwelle macht mehrere Umdrehungen, die LED hört lange auf zu blinken.

Abb. 3.10: Der Motor wird vorübergehend zusätzlich an dem Elko angeklemmt. Der Motor dreht ein paar Umdrehungen, die LED blinkt nicht mehr, und es dauert ein paar Sekunden, bis die LED wieder anfängt zu blinken. Der Motor hat den Elko gänzlich entladen.

Zusatzeffekt:
Einen weiteren Effekt können Sie wahrnehmen: Die LED blinkt mit dem Elko heller als ohne, obwohl die Bedingungen wie Lichtquelle und Solarmodul nicht verändert wurden. Das kommt daher, dass in den Blinkpausen Energie im Kondensator gespeichert werden konnte, die beim Blinken an die LED wieder abgegeben wird.

d) Lassen Sie die Versuchsanordnung wie in c) aufgebaut, bis die LED blinkt. Dann ziehen Sie den Elko 4.700 µF aus dem Steckbrett heraus. Als Nächstes beschatten Sie das Solarmodul. Die LED hört sofort auf zu blinken. Nun stecken Sie den Elko wieder in die vorherigen Kontaktreihen ein und lassen das Solarmodul weiterhin beschattet. Die LED blinkt, obwohl kein Strom vom Solarmodul kommt.

Ergo: Die Ladung im „Speicher" Elko bleibt über längere Zeit erhalten.

Wichtiger Hinweis:
Da die elektrische Ladung im Elektrolytkondensator erhalten bleibt, ist es gut, sich folgender Gefahr bewusst zu sein: Wenn Sie ein Elektrogerät (mit Schaltnetzteil) auseinandernehmen, können Sie beim Berühren von Kontaktflächen einen Schlag bekommen, obwohl der Netzstecker bereits herausgezogen ist. Die Speicherwirkung der eingebauten Elkos hält weiterhin an und so können Spannungen von über 200 Volt vorhanden sein. Im Lernpaket besteht aber keine Gefahr.

e) Wenn der Elko geladen ist, blinkt die LED. Dann klemmen Sie das Solarmodul ab. Schauen Sie auf die Uhr, wie lang die LED blinkt und ihren Strom nur vom Speicher-Elko bezieht. Je größer der Kondensatorspeicher ist, desto länger wird die LED, auch ohne Strom vom Solarmodul, blinken. Mit einem Gold-Cap könnte somit die fehlende Stromversorgung durch das Solarmodul bei Nacht überbrückt werden.

f) Nun lassen Sie den Elko am Solarmodul angeschlossen (ohne LED) und decken das Solarmodul so ab, dass kein Licht mehr darauf fällt. Nach einigen Stunden prüfen Sie mit einer Blink-LED, wie viel Ladung noch im Kondensator ist. Die Blink-LED zeigt wenig oder keine Reaktion. Was ist passiert? Der Elko hat sich über das Solarmodul „rückwärts" entladen.

Anwendung im Alltag:
Mit einer Kombination aus Solarmodul, Gold Cap und Blink-LED lassen sich Alarmanlagen-Dummys anfertigen, die Einbrechern beim Auto oder im Haus signalisieren: Die Alarmanlage ist scharf!

Auch ist es damit möglich, Messanzeigen solar zu versorgen und die Stromversorgung für die Nacht zu puffern.

Weitere Anwendung: Blinkende Dauer-LED als Hingucker für Werbeschilder und Produktofferten.

4 Ladeschaltungen

Für elektrische und elektronische Geräte mit höherem Stromverbrauch eignen sich der Direktbetrieb und die direkte Stromversorgung aus dem Solarmodul scheinbar nicht. Bei einigen Verbrauchern geht der vom Solarmodul kommende Strom schnell in die Knie. Somit wäre für manche Fälle eine Überbrückung der solaren energielosen Zeiten vonnöten.

Wie Sie in Kapitel 3 erfahren konnten, lässt sich Solarenergie auch gut speichern und eine Energieversorgung damit puffern.

Möglicherweise liegt Ihr Solarmodul die meiste Zeit doch nur herum. Und die in dieser Zeit mögliche Energieernte geht damit verloren?

Fangen Sie einfach an, die Energie in Ihrer Abwesenheit zu speichern!

Hinweis:
Die mit den Kondensatoren durchgeführte Experimente können natürlich auch mit einem Akku durchgeführt werden. Dann dauern die Vorgänge aber sehr viel länger.

Anwendung im Alltag:
Solare, ortsunabhängige Akkuladegeräte.

4.1 Gespeicherte Energie

Die geringe Leistungsabgabe Ihres Solarmoduls kann durch sinnvolle Speicherung des Stroms über eine lange Zeit eine hohe Energiemenge ergeben. Stimmt das?

Das für unsere Sinne unsichtbare Prinzip des elektrischen Stroms lässt sich mit einem Prinzip vergleichen und erklären, das wir beim Wasser beobachten können:

Ein Wasserhahn (als Vergleich zu Ihrem Solarmodul), der über viele Stunden tropft, füllt nach und nach einen großen 10-Liter-Eimer.

Das kleine Solarmodul „tröpfelt" – um im Bild zu bleiben – über den Tag, wenn die Sonne scheint, mAh (Milliamperestunde) für mAh den aus der Sonne umgewandelten Strom in den Energiespeicher.

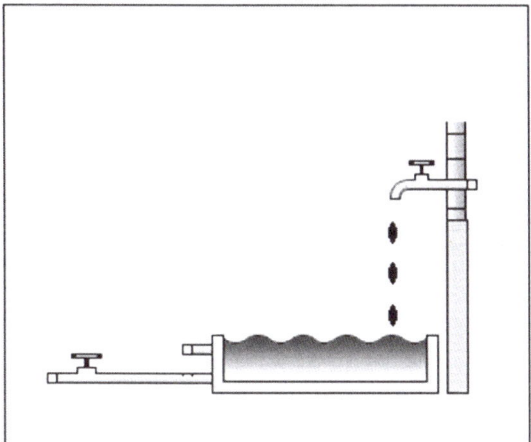

Abb. 4.1: Prinzip der Energiespeicherung anhand des trop-
fenden Wasserhahns. Kleine
Mengen einen ganzen Tag lang
füllen ein ganzes Becken...

Hinweis:
Sie sehen, hier wurde der Begriff „mAh" verwendet. Diese Einheit quantifiziert den
Strom pro Stunde im Gegensatz zur Angabe „mA" mit der Bedeutung des augen-
blicklichen Stromflusses.

Der „Energiespeicher" hat in der elektronischen Welt unterschiedliche Ausbildungs-
formen.

Die Wirkung von Elektrolytkondensatoren haben Sie in Kapitel 3 bereits kennengelernt. Die Speicherwirkung konnten Sie anhand der durchgeführten Versuche deutlich erkennen. Der Vorteil des Kondensatorspeichers liegt darin, dass dieser eine sehr
lange Lebensdauer hat. Im Vergleich zum Akku ist die Speicherkapazität aber nur
gering, was für die Experimente im Kapitel 3 den Vorteil hat, dass das Prinzip der
Speicherung in einer überschaubar kurzen Zeitspanne für Sie ablaufen konnte. Vergleich: Der tropfende Wasserhahn füllt nur einen kleinen Becher, das geht dann
natürlich auch viel schneller.

Die mit dem Kondensator durchgeführten Experimente können in ähnlicher Weise
auch mit einem Akku durchgeführt werden. Im folgenden Abschnitt werden Sie verschiedene Ladeverfahren dazu kennenlernen.

Anwendung im Alltag:
Bei einer netzunabhängigen Solaranlage muss der tagsüber geerntete Solarstrom für
die Nutzung in der Nacht gespeichert werden. Wenn mit dem Solarmodul ein Akku
aufgeladen worden ist, kann dadurch ein mobiles elektrisches oder elektronisches
Gerät zu jeder Zeit genügend Power zur Verfügung bekommen!

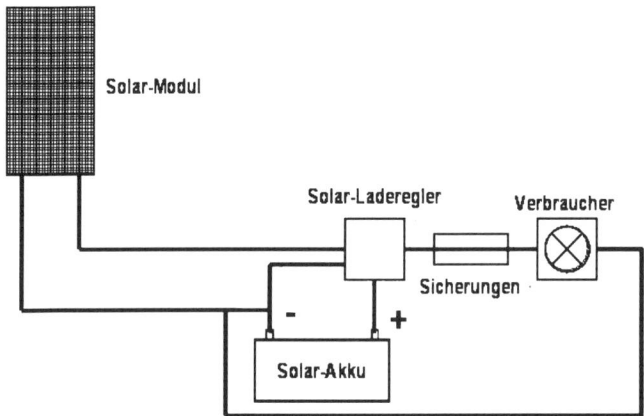

Abb. 4.2: Prinzipdarstellung einer Insel-PV-Anlage.

4.2 Akkuladung, Ladeverfahren

Um beim Wasservergleich zu bleiben: Das Auffangbecken und damit der Energiespeicher ist nun der Akku. Bei einem solchen Akkuspeicher ist es gut, die Befüllung zu überwachen. Im Gegensatz zum Wasserspeicher ist es beim Laden von Akkus entscheidend, wie der Speicher gefüllt und auch wieder entladen (geleert) wird.

Außerdem kann sich der elektrische Speicher selbst entladen. Je höher die Umgebungstemperatur ist, desto größer ist die Selbstentladung des Akkus.

Ein weiteres Problem kann sein, dass sich der Speicher über die Solarmodule „rückwärts" (in der Nacht) entlädt. Gegen dieses Problem lernen Sie im folgenden Kapitel eine Lösung kennen.

> **Hinweis:**
> Die Experimentierreihe in Kapitel 4 ist so aufgebaut, dass die Versuche jeweils einen Schritt weitergehen. Sie brauchen daher nicht jedes Mal alle Teile wieder abbauen, sondern können auf dem vorhergehenden Versuchsaufbau weiter aufbauen, indem Teile dazugesteckt, weggenommen oder ausgetauscht werden.

Der Akku, Ihr Energiespeicher zum Betreiben elektrischer und elektronischer Geräte und oft auch Ersatz für teure Einwegbatterien, ist in der Anschaffung recht teuer und sollte damit seinen Dienst so lange wie möglich erfüllen. Je nachdem, mit welchem technischen Verfahren der Akku geladen wird, beeinflusst dies die mögliche Lade- und Entlademenge (Kapazität) und vor allem die Lebensdauer des Akkus.

4.2.1 Konstantstrom

Versuchsaufbau: Solarmodul, Steckbrett, Widerstand, LED, Akku, evtl. Akkuhalter.

Hinweis:
Für die folgenden Experimente benötigen Sie eine helle Lichtquelle (oder vollen, direkten Sonnenschein) für das Solarmodul.

Die einfachste Möglichkeit der Ladetechnik ist die Konstantstromladung. Der Akku wird über einen bestimmten Zeitraum mit einem definierten Strom geladen. Bei der einfachen Konstantstromladung eines Akkus ist die übliche Praxis, diesen mit 1/10 des Stroms der Kapazitätsangabe 14 Stunden lang zu laden.

Beispiel:
Akkukapazität 500 mAh, Ladestrom 50 mA, Ladezeit: 14 Stunden. Sind die 14 Stunden Ladezeit vorbei, so schaltet evtl. eine Elektronik auf Erhaltungsladung um. Die Ladeerhaltung kann mit 1/20 der Akkukapazität erfolgen – dementsprechend mit 25 mA.

Die Ladestrombegrenzung wird bei einfachen Netzladegeräten durch einen Widerstand realisiert, der zwischen Netzteil und Akku eingefügt ist.

Bei Solarladegeräten wäre diese Vorgehensweise aber unsinnig. Hier kann der Ladestrom verlustfrei durch die Dimensionierung (Größe) der Solarzellen bzw. des Solarmoduls erreicht werden.

Somit braucht es bei entsprechender Dimensionierung des Solarmoduls nicht einmal einen Vorwiderstand. Wenn das Solarmodul wie hier verwendet bei vollem Sonnenschein nun 40 mA Strom liefert, kann der Akku aus obigem Beispiel beim solaren Laden nicht beschädigt werden.

Diese Verhältnismäßigkeit ändert sich bei „größeren" (leistungsfähigeren) Solarmodulen, die mehr Strom liefern können. Dann ist eine Ladestrombegrenzung oder eine Ladeelektronik dringend erforderlich, ansonsten wird der Akku zerstört.

Grundsätzlicher Nachteil der Konstantstrom-Ladetechnik ist speziell bei NiCd-Akkus (Nickelcadmium-Akkus), dass hier der sogenannte *Memoryeffekt* auftritt.

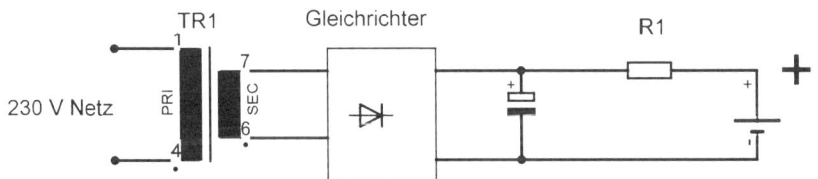

Abb. 4.3: Prinzipschaltbild, Konstantstromlader, R1 sollte so dimensioniert sein, dass der Ladestrom für den Akku geeignet ist. Berechnung: R = U / I.

Memoryeffekt bedeutet:

Wird beim Entladen des Akkus nicht die ganze Kapazität genutzt und der Akku nur „teilentladen" und dann wieder aufgeladen, so „merkt" sich der Akku diesen Zustand und gibt beim nächsten Entladen nur noch diesen Anteil an den Verbraucher ab.

Der geladene Akku verliert damit im Laufe der Lebensdauer immer mehr an nutzbarer Kapazität.

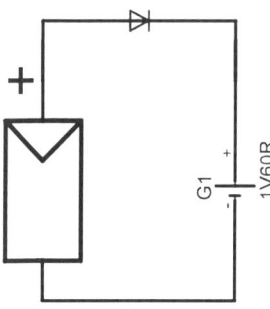

Abb. 4.4: Das Schaltbild eines einfachen Solarladers. Die Diode wurde eingefügt, damit sich der Akku nachts nicht über das Solarmodul entlädt.

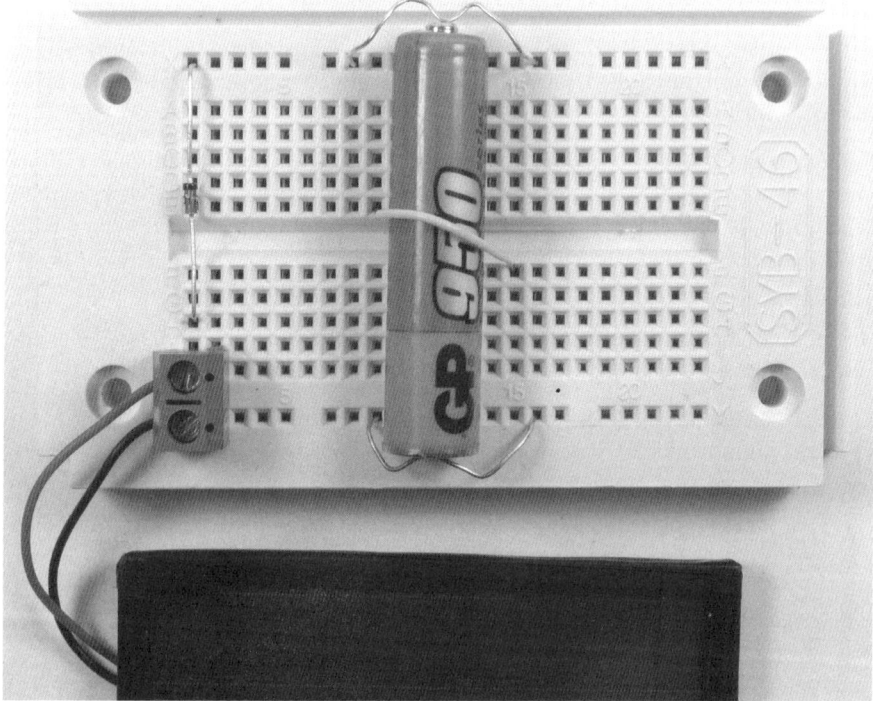

Abb. 4.5: Versuchsaufbau des einfachen solaren Akkuladers. Als „Akkuhalter" wurden abisolierte Drähte gebogen und in das Steckbrett gesteckt.

Je nach Akkutyp gibt es eine Reihe von Möglichkeiten, die Solarmodule so zu konfektionieren, dass der Akku beim Laden keinen Schaden nimmt. Bei kleineren NiCd- und NiMH(Nickelmetallhydrid)-Akkus ist die einfachste Möglichkeit, dies über den maximalen, vom Solarmodul kommenden Ladestrom zu regeln.

Bleisäure- und Bleigelakkus hingegen werden in einfachster Variante über die Höhe der Lade-Endspannung geregelt.

Ein „großer" Solarblei-Akku mit 12 Volt Akkuspannung kann somit ohne Probleme an einem Solarmodul mit einer maximalen Zellenspannung (Leerlaufspannung) von 15 Volt geladen werden. Die Ladekurve regelt sich dann selbst. Je höher die Ladespannung des zu ladenden Akkus ansteigt, desto geringer wird der Strom, den das Solarmodul liefert (automatische Anpassung). Diese Ladeart ist zwar praktikabel, aber nicht optimal für die vollständige Nutzbarkeit und die Lebensdauer der Akkus.

> **Anwendung im Alltag:** Siehe Abb. 4.6.

Um den Memoryeffekt bei NiCd-Akkus und weitere Nachteile beim Laden kleiner Akkus zu verhindern, gibt es eine ganze Reihe unterschiedlicher Ladeverfahren. Ein praktikables und weit verbreitetes Verfahren können Sie im folgenden Aufbau praktisch ausprobieren und anwenden.

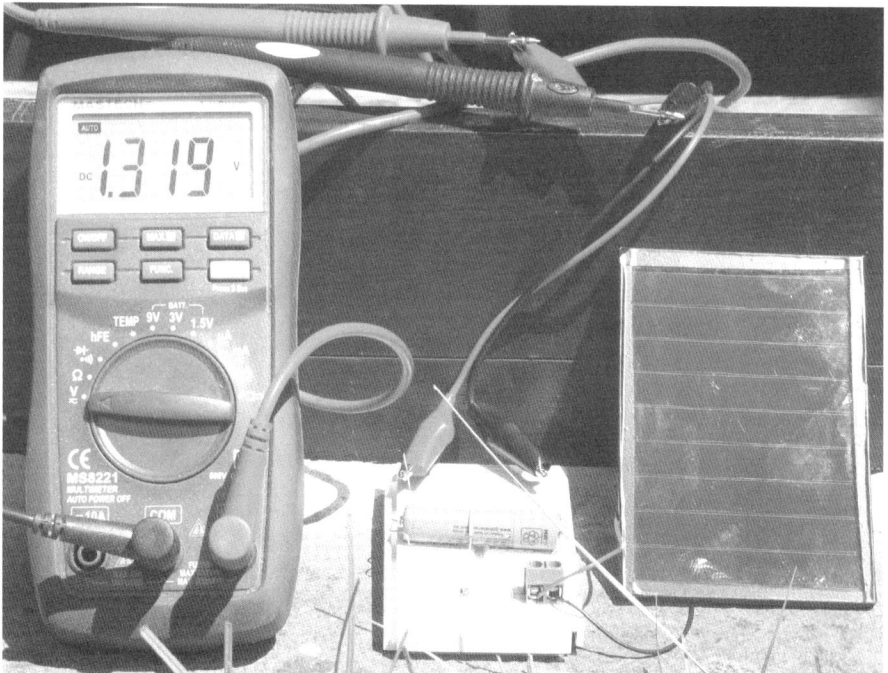

Abb. 4.6: Solarladegerät aus Teilen wie in Abb. 4.4 dargestellt, um damit Akkus durch die Sonne aufzuladen.

4.2.2 Impulsladung

Versuchsaufbau: Solarmodul, Steckbrett, Blink-LED, rote LED, Diode 1N4148, Elko 1.000 µF, Elko 4.700 µF, Transistor T1 2N3904, Transistor T2 N3906, Widerstand 2,2 K, Akku, evtl. Akkuhalter.

> **Hinweis:** Dieser Versuch funktioniert auch mit wenig Licht (bewölkter Himmel), bei viel Licht (volle Sonne) wird der Akku schneller geladen.

Durch die Impulsladung wird der Memoryeffekt weitgehend verhindert. Kurze, starke Stromstöße laden die Akkuzelle. Ein weiterer Vorteil: Diese Ladeschaltung funktioniert auch mit wenig Licht ganz gut. Der Akku wird jedoch mit weniger Lichtenergie entsprechend langsamer aufgeladen.

Versuchsreihenfolge:

a) Stecken Sie die Elektronikteile in die Kontakte des Steckbretts. Der Elko 1.000 µF dient zunächst als Puffer, der weitere Elko mit dem Wert 4.700 µF fungiert zunächst als Akkuersatz.

Abb. 4.7: Versuchsaufbau für die Impulsladung. Beide Transistoren sind so eingesteckt, dass die Typenbezeichnung vom Solarmodul aus gesehen (im Bild von unten) lesbar ist. Der obere Transistor ist T2 (2N3906), die obere LED ist die Blink-LED.

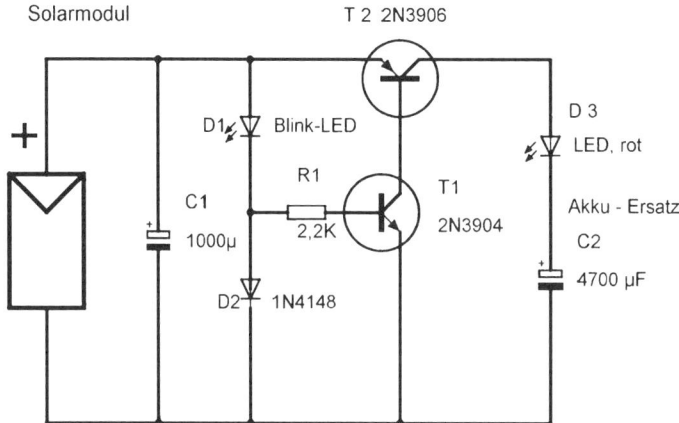

Abb. 4.8: Schaltplan Impulsladung. Die Blink-LED bildet zusammen mit D2 einen Spannungsteiler und gibt die Impulse über R1 an die Basis von Transistor T1. T1 steuert über die Kollektor-Emitterstrecke den Basiseingang des Transistors T2. Dieser gibt als Längstransistor den Stromfluss zum Akku frei. Die rote LED, D3, zeigt durch ihre blinkende Helligkeit an, wie viel Strom zum Elko fließt.

b) Nehmen Sie den Elko mit 1.000 μF heraus und ersetzen Sie diesen durch den Elko mit 4.700 μF. Nehmen Sie, sofern vorhanden, einen NiCd-Akku (Mikro oder Mono), wenn möglich mit entsprechender Halterung, und schließen diesen mit den Strippen (rot für den Pluspol und schwarz für den Minuspol) am Steckbrett an. Als Anschlussmöglichkeit für die Strippen können Sie jeweils ein kurzes Stück Draht in die Kontakte des Steckbretts einstecken.

Anwendung im Alltag:
Akkusolarladegeräte, Eigenbau oder gekauft.

4.2.3 Laderegler

Versuchsaufbau: Solarmodul, Steckbrett, Blink-LED, rote LED, Elko 1.000 μF, Elko 4.700 μF, Transistor T1 2N3906, Widerstand 2,2 K, Widerstand 1K, Drahttaster.

Hinweis: Dieser Versuch funktioniert auch mit wenig Licht (bewölkter Himmel), bei viel Licht (volle Sonne) wird der Akku schneller geladen.

Bei PV-Inselanlagen wird die gesamte Stromversorgung regenerativ gewonnen, mithilfe des Akkuspeichers wird diese Energie für die spätere Nutzung aufbewahrt. Wichtig bei der Akkuladung ist ein Laderegler der dafür sorgt, dass der Akku so voll wie möglich geladen, aber nicht überladen wird.

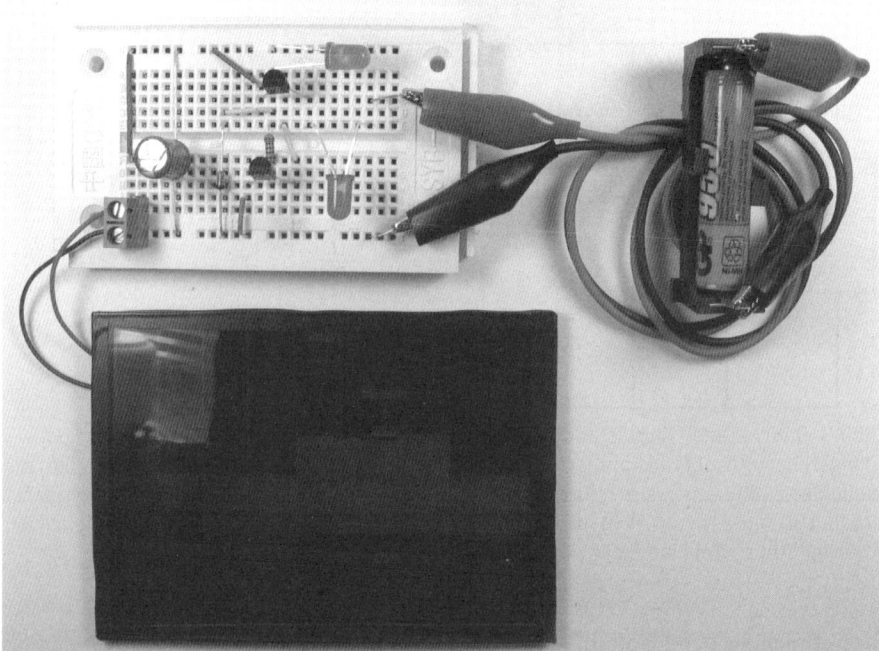

Abb. 4.9: Umbau der Impulsladung aus Abb. 4.8 für die Akkuladung. Als Akku eignet sich eine Mikrozelle entweder als ein NiCD- oder ein NiMH-Akku. Wenn Sie möchten, können Sie auch zwei Akkuzellen in „Reihe" laden.

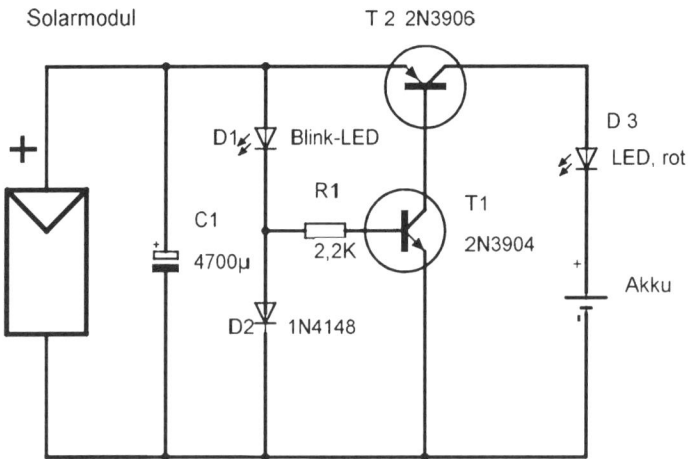

Abb. 4.10: Im Schaltbild werden die Elkos verändert. C1 wird durch C2 ausgetauscht. An die bisherige Stelle von C2 kommt ein Akku.

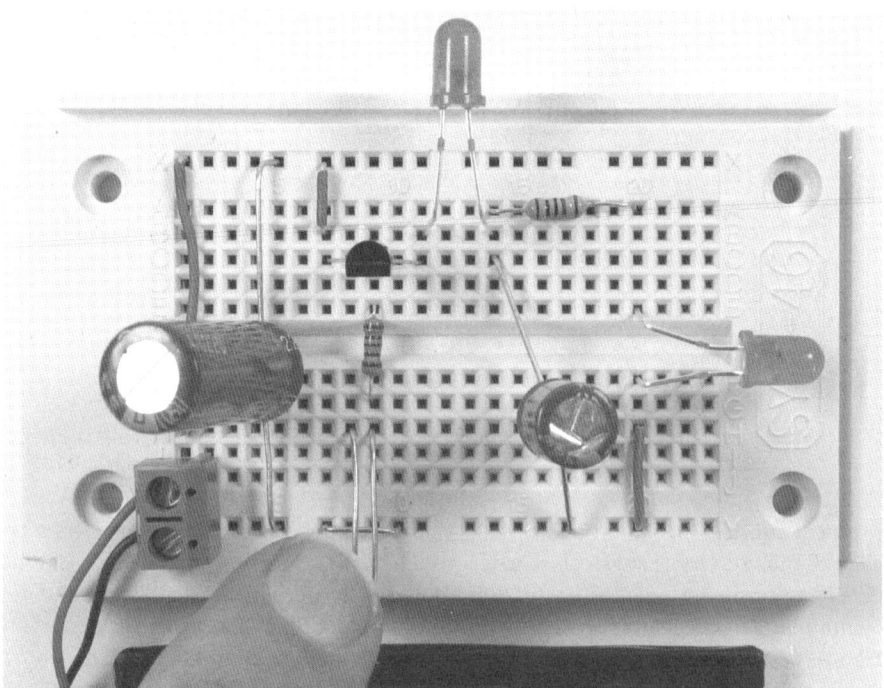

Abb. 4.11: Versuchsaufbau eines Ladereglers. Es wird der Transistor 2N3906 verwendet. Die obere LED ist eine normale LED, die LED rechts im Bild ist eine Blink LED. Der Drahttaster kann aus abisolierten Draht gebogen und in das Steckbrett eingesteckt werden.

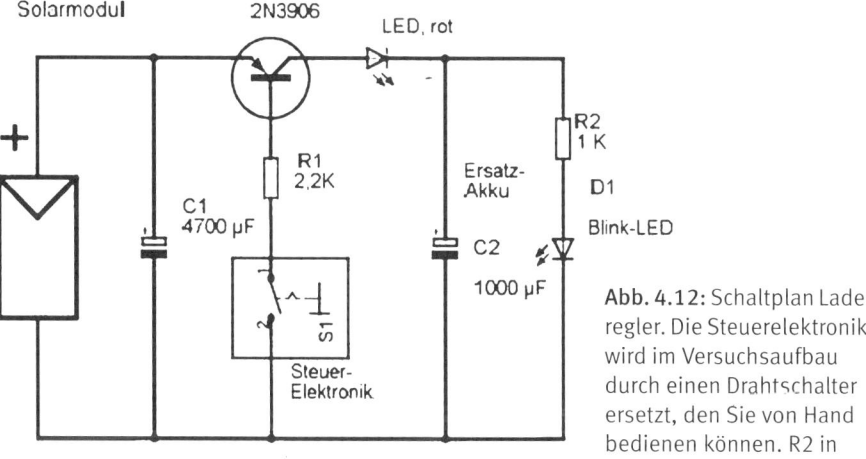

Abb. 4.12: Schaltplan Laderegler. Die Steuerelektronik wird im Versuchsaufbau durch einen Drahtschalter ersetzt, den Sie von Hand bedienen können. R2 in Verbindung mit der Blink-LED D1 zeigt an, wenn der Elko/Akku geladen ist. Der Längstransistor T1 (2N3906) wird über dessen Basis angesteuert und regelt über die Emitter-Kollektorstrecke Ladestrom und Spannung. Die rote LED zeigt an, wenn Ladestrom fließt.

Abb. 4.13: Einfacher Solarladereg-
ler (Quelle: Conrad electronic).

Mit dem auf dem Steckbrett aufgebauten Laderegler können Sie das Prinzip des seri-
ellen Shunt-Reglers (Längsregler) nachvollziehen. Der für die Laderegelung verwen-
dete Längstransistor regelt den vom Solarmodul zum Akku fließenden Strom und die
Spannung. Die Regelung wird im Versuchsaufbau durch manuelles Takten (von
Hand) des zugeführten Stroms (Taktlänge und Frequenz) mit dem *Schalter S1*
erreicht. Bei den automatischen Reglern fließt mehr Strom, wenn die Pausen von
einem Takt zum anderen kürzer werden und die Taktfrequenz erhöht wird. Während
des Ladevorgangs erhält der Akku somit kurzzeitige Stromimpulse, die, je nach Lade-
spannungshöhe, kürzer oder länger sind (Pulsweitenmodulation).

Das Prinzip kennen Sie möglicherweise von Ihrem Akkuschrauber, wenn Sie mit
Ihrem Finger „Gas" geben und der Regler pfeift.

Die Regelung des Ladestroms wird beim Längsregler in Abhängigkeit von der Ladespannung des Akkus durchgeführt.

Außerdem verhindert der Längstransistor, dass sich der geladene Akku nachts über
das Solarmodul wieder „rückwärts" entladen kann.

Anwendung im Alltag: Siehe Abb. 14.13.

4.2.4 Ladeüberwachung und Tankanzeige

Versuchsaufbau: Solarmodul, Steckbrett, Blink-LED, rote LED, Diode 1N4148, grüne
LED, Elko 4.700 µF, Widerstand 1 K, Akkus, evtl. Akkuhalter.

Hinweis:
Für die folgenden Experimente benötigen Sie eine helle Lichtquelle (oder den vollen, direkten Sonnenschein) für das Solarmodul.

Ist der Energiespeicher nun leer, halb voll oder voll? Dazu brauchen wir eine Anzeige, ähnlich der Tankanzeige eines Kraftfahrzeugs. Jedoch ist die Tankanzeige eines Akkus sehr viel komplizierter. An früherer Stelle habe ich bereits ausgeführt, dass der Ladezustand von vielen Faktoren wie Ladeart und Entladeart, Kapazität usw. abhängig ist. Es gibt aber noch eine ganze Reihe weiterer Faktoren, wie z. B. Betriebstemperatur, Akkualter (Lebenszeit) und einige mehr, die den Ladezustand weiter beeinflussen.

Bei automatischen Ladereglern reicht die Ladezustandsanzeige von einer einfachen LED-Anzeige bis hin zu einer Displayanzeige und der Möglichkeit, die Daten am PC weiter zu bearbeiten.

Um alle Faktoren in den Griff zu bekommen, gibt es raffinierte Überwachungselektronik mit Mikroprozessoren und aufwendiger Software.

Mit wenig elektronischen Teilen können Sie eine einfache Ladezustandsanzeige aufbauen.

Die einfache Akku-Tankanzeige wird nach wie vor über die Spannungsmessung des Akkus realisiert. Ein Fortschritt wäre, die Spannungsmessung unter Last durchzuführen. Die Last sollte dabei einen Stromverbrauch von 10 % der Kapazität des Akkus haben und könnte im Moment der Messung durch einen Taster aktiviert werden.

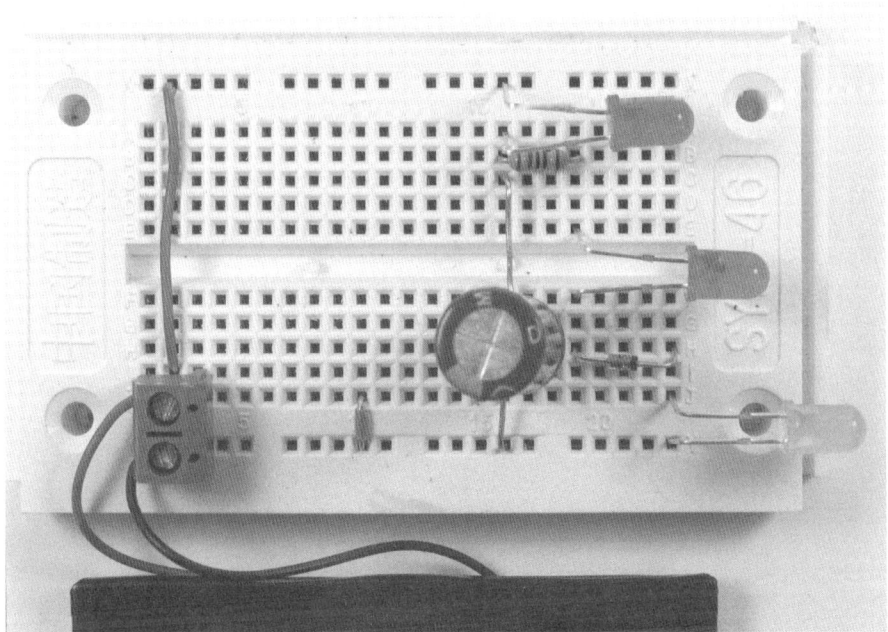

Abb. 4.14a: Versuchsaufbau einer einfachen Ladezustandsanzeige. Die obere rote LED zeigt den Ladestrom an, die mittlere Blink-LED in Verbindung mit der Diode und der grünen LED, zeigt an, wenn der Akku voll ist.

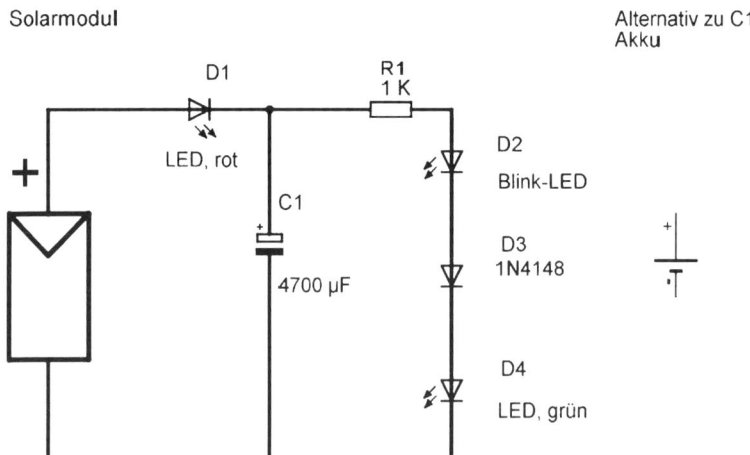

Abb. 4.14b: Schaltplan der Ladezustandsanzeige. Dadurch, dass D2, D3 und D4 in Reihe geschaltet sind, blinkt die LED erst ab einer Spannung von ca. 4 Volt. Diese Spannung passt zur „Akku-Voll-Anzeige" zu einem Lithium Akku. Wird D3 überbrückt, reduziert sich die Spannung bei der D2 blinkt und damit anzeigt: Der Akku ist voll.

Anwendung im Alltag:
Einfache Ladezustandsanzeige für Batterie- und Akkugeräte.

5 Weitere Anwendungen

5.1 Elektronische Solaranwendungen

Die folgenden Schaltungen zeigen die Raffinesse der Solarelektronik. Mit nur wenigen elektronischen Bauelementen können alltagstaugliche Schaltungen mit komplexen Funktionen aufgebaut werden. Das Solarmodul kann dabei gleichzeitig als Lichtsensor und für die Stromversorgung zuständig sein.

> **Hinweis:**
> Die Experimentierreihe in Kapitel 5 ist zum Teil so aufgebaut, dass einige Versuche jeweils einen Schritt weitergehen. Sie brauchen daher nicht jedes Mal alle Teile wieder abbauen, sondern können meistens auf dem vorhergehenden Versuchsaufbau weiter aufbauen, indem Teile dazugesteckt, weggenommen oder ausgetauscht werden.

5.1.1 Lichtsensor

Versuchsaufbau: Solarmodul, Steckbrett, rote LED, Elko 4 700 µF, Transistor T1 2N3904, Diode D1 1N4148, Widerstand R1 100K, Widerstand R2 1K, evtl. Gold-Cap oder Akku.

> **Hinweis:** Dieser Versuch funktioniert auch mit wenig Licht (bewölkter Himmel).

Das Solarmodul lädt bei ausreichendem Lichteinfall den Speicherkondensator auf. Sobald es dunkel wird (z. B. Solarmodul wird abgedeckt), fängt die LED an zu leuchten.

5.1.2 Automatisches Nachtlicht

Versuchsaufbau wie vorher: Sofern vorhanden, können Sie anstatt von C1 einen Gold-Cap oder einen Akku verwenden. Die LED könnte durch eine weiße LED ausgetauscht werden.

> **Hinweis:** Dieser Versuch funktioniert auch mit wenig Licht (bewölkter Himmel), die Ladezeit wird bei starker Lichtquelle kürzer.

Abb. 5.1: Versuchsaufbau eines Lichtsensors mit dem Transistor 2N3904. Der mittlere Transistoranschluss, die Basis, wird durch eine Drahtbrücke mit der unteren Minuspolschiene verbunden. Die Diode, D1, wird mit ihrer Kathode (Strich auf dem Gehäuse) ebenfalls in die untere Schiene eingesteckt. Die Anode der Diode kommt mit dem Emitter von T1 und dem Minuspol von C1 zusammen. Der Kollektor des Transistors kommt mit der Kathode der LED (kürzeres Beinchen) zusammen in eine Schiene.

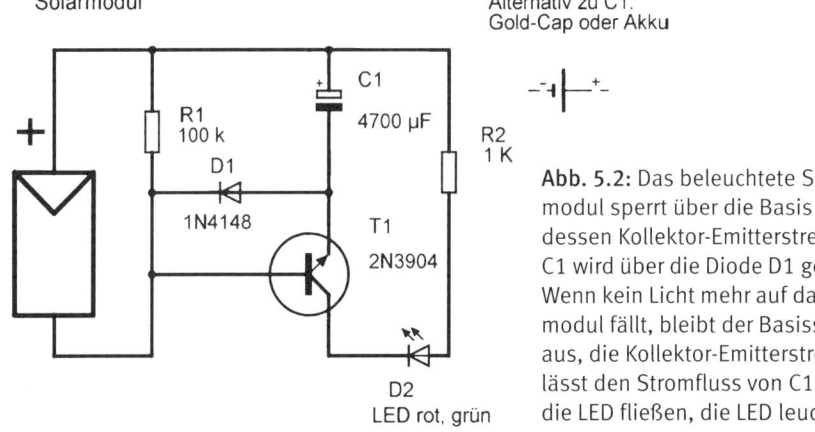

Abb. 5.2: Das beleuchtete Solarmodul sperrt über die Basis von T1 dessen Kollektor-Emitterstrecke, C1 wird über die Diode D1 geladen. Wenn kein Licht mehr auf das Solarmodul fällt, bleibt der Basisstrom aus, die Kollektor-Emitterstrecke lässt den Stromfluss von C1 über die LED fließen, die LED leuchtet.

Anwendung im Alltag:
Diese Anwendung kann z. B. für eine solare Hausnummern- oder Wegebeleuchtung verwendet werden.

Abb. 5.3: Solare Hausnummernbeleuchtung (Quelle: Conrad Electronic).

In der praktischen Anwendung werden tagsüber Energiespeicher wie z. B. Elkos, Gold-Caps oder Akkus geladen. Bei Dunkelheit geben diese die Energie wieder ab. In unserem Experimentieraufbau geschieht das über eine Leuchtdiode oder, wenn vorhanden, eine weiße LED. Die Energieabgabe findet so lange statt, bis die gespeicherte Energie aufgebraucht ist.

5.1.3 Nachtantrieb

Versuchsaufbau: Solarmodul, Steckbrett, Elko 4.700 µF, Transistor T1 2N3904, Transistor T2 2N3906, Diode D2 1N4148, Widerstand R1 100K, Motor, evtl. Gold-Cap oder Akku.

Hinweis: Dieser Versuch funktioniert auch mit wenig Licht (bewölkter Himmel), die Ladezeit wird bei starker Lichtquelle kürzer.

Um mit der Schaltung aus 5.1.2 Verbraucher mit höherem Stromverbrauch, wie z. B. einen Motor, anzusteuern, braucht es eine weitere Transistorstufe. Damit können Sie dann in der praktischen Anwendung tagsüber Energiespeicher, wie z. B. Elkos, Gold-Caps oder Akkus, aufladen lassen, die bei Dunkelheit die Energie wieder abgeben – in unserem Experimentieraufbau an den Motor.

Der Energiespeicher wird bei ausreichendem Lichteinfall geladen. Wenn dann das Solarmodul abgedeckt wird, beginnt die Motorwelle sich zu drehen. Liefert das Solarmodul wiederum Ladestrom, bleibt die Motorwelle stehen.

Abb. 5.4: Versuchsaufbau, Nachtantrieb. Bei diesem Aufbau werden die Diode 1N4148 und der Elko C1 im Gegensatz zu Abb. 5.1, (vom Modul aus gesehen) rechts des Transistors T1 (2N3904) gesteckt. Der Transistor T1 wird um 180° gedreht. Der Transistor T2 (2N3906) sitzt oben, der Emitteranschluss ist mit einer Drahtbrücke mit der Plusschiene verbunden. Der Basisanschluss von T2 wird mit einer Drahtbrücke mit dem Kollektoranschluss von T1 verbunden. Der Motorstecker ist über Drahtbrücken mit dem Kollektoranschluss von T2 und dem Emitteranschluss von T1 verbunden.

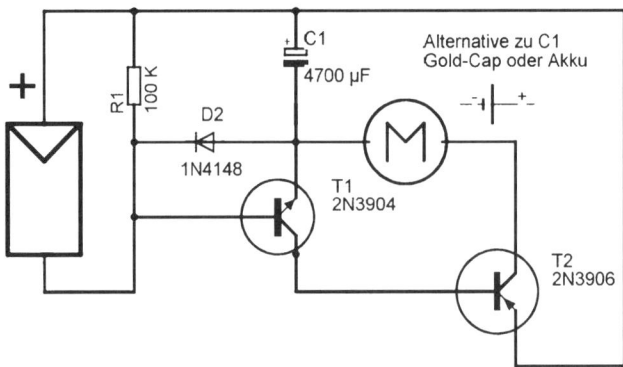

Abb. 5.5: Das beleuchtete Solarmodul sperrt über die Basis von T1 dessen Kollektor-Emitterstrecke. Damit erhält T2 keinen Basisstrom. C1 wird über die Diode D1 geladen. Wenn kein Licht mehr auf das Solarmodul fällt, bleibt der Basisstrom vom Modul zum T1 aus, T2 erhält Basisstrom, die Kollektor-Emitterstrecke von T2 lässt den Stromfluss von C1 über den Motor fließen und die Motorwelle dreht sich, bis der Speicher C1 entleert ist.

Anwendung im Alltag:
Der feuchte Keller wird sinnvollerweise im Sommer nachts mit einem Ventilator gelüftet, damit die zugeführte Luft die Luftfeuchtigkeit aufnimmt und nach draußen abgibt. Würde tagsüber gelüftet, würde die zugeführte wärmere Luft im Keller zusätzliche Luftfeuchtigkeit einbringen. Die oben beschriebene Anwendung eignet sich ideal für diesen Fall.

5.1.4 Der solare Direktantrieb

Das Prinzip des solaren Direktantriebs ist Ihnen bisher bei zahlreichen Experimenten in diesem Buch immer wieder begegnet. Das Ergebnis war immer ähnlich. Gibt es genügend Lichtenergie, läuft der Verbraucher, wie z. B. der Motor, mit guten Drehleistungen. Bei wenig Licht oder Schatten gibt es zu wenig oder keine Energie und die Motorwelle dreht sich nicht.

Der nächste Schritt, um „antriebstechnisch" weiterzukommen, war die Energiespeicherung in Kondensatoren oder Akkus. Damit können zumindest die lichtarme Zeit oder ein vorübergehender Schatten überbrückt werden. Im nächsten Aufbau lernen Sie eine weitere Form der solaren Energieverwertung kennen: den solaren Pulsspeicherantrieb.

Anwendung im Alltag:
Der solare Direktantrieb wird z. B. in Solarpumpen für den Gartenteich und Solarventilatoren zur Belüftung von Autos und Gewächshäusern verwendet. Diese Antriebsart kommt meist ohne jegliche Elektronik aus.

Solarpumpen-System

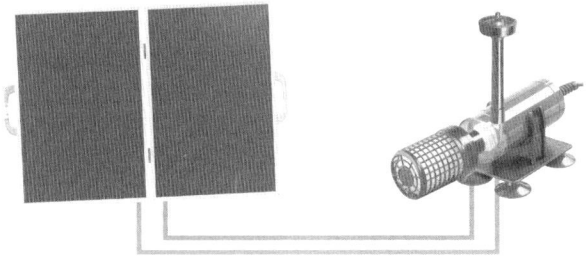

Betriebsdauer in Abhängigkeit von der Sonneneinstrahlung!

Abb. 5.6: Solarpumpe (Quelle: Conrad Electronic).

5.1.5 Solarer Pulsspeicherantrieb

Versuchsaufbau: Solarmodul, Steckbrett, Blink-LED, Elko, C1 4.700 µF, Elko, C2 1.000 µF, Transistor T1 2N3904, Transistor T2 2N3906, Widerstand R1 2,2K, Motor, evtl. Gold-Cap oder Akku.

> **Hinweis:** Dieser Versuch funktioniert auch mit wenig Licht (bewölkter Himmel), die Pulsfrequenz wird bei voller Sonne oder starker Lichtquelle jedoch höher.

Können Sie sich vorstellen, dass mit wenig Lichtenergie und selbst in der Dämmerung ein Motor durch Solarenergie betrieben werden kann?

Das scheint unmöglich zu sein, doch durch die Kombination der Elektronik mit der Solarenergie gibt es auch dafür eine raffinierte Lösung.

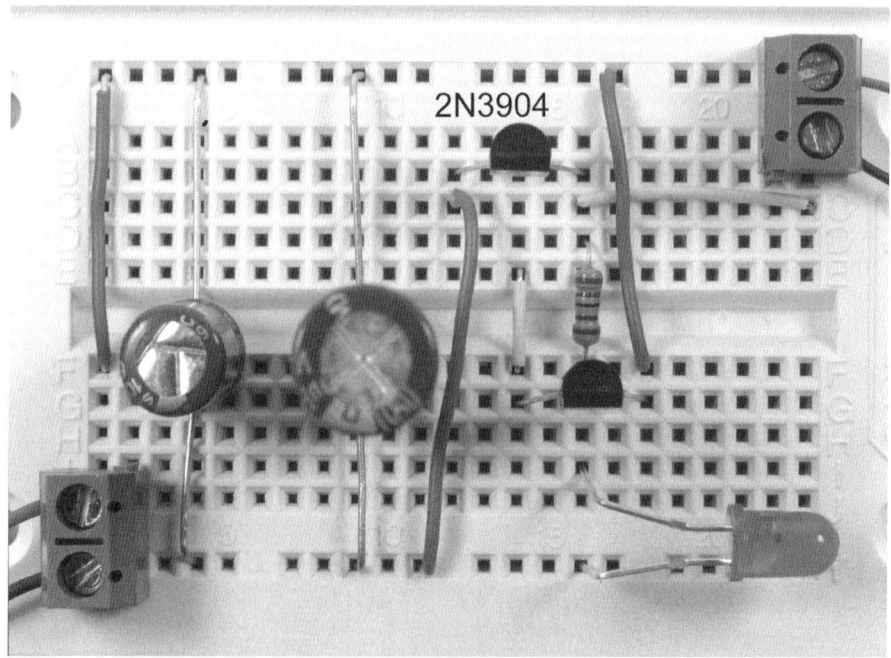

Abb. 5.7: Versuchsaufbau Pulsspeicherantrieb. Beide Transistoren werden mit der Typenbezeichnung (flache Seite) nach unten gesteckt (zum Solarmodul). Oben sitzt der 2N3904. Die Basis vom oberen Transistor T1 ist mit dem Emitter von T2 (2N3906) über eine Drahtbrücke verbunden. Die Kathode (Gehäuseabflachung) der eingebauten Blink-LED kommt in die Minusschiene. Die Anode ist mit der Basis von T2 (und mit R1) verbunden. Parallel zum Solarmodul wurden C1 und C2 eingesteckt.

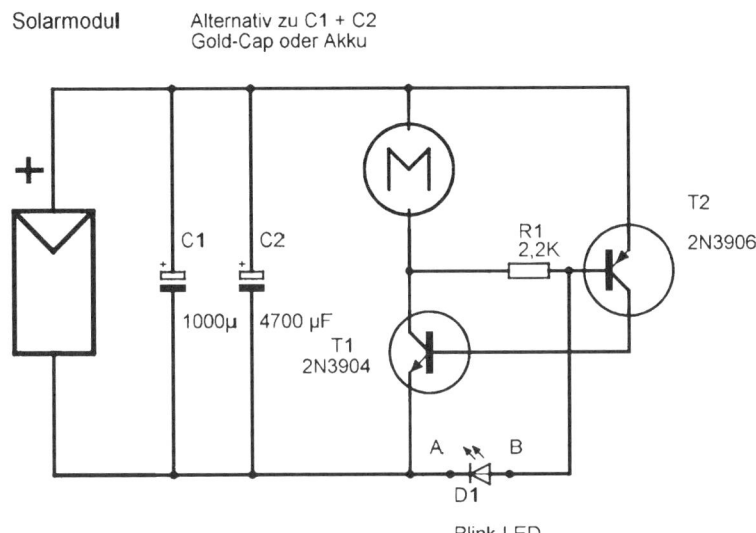

Abb. 5.8: Pulsspeicherantrieb. Das Solarmodul lädt die Elkos C1 und C2 auf. Ab einem bestimmten Spannungs-Level gibt die Blink-LED den Impuls und die Transistoren schalten durch, sodass der Motor läuft. Dieser Vorgang wiederholt sich. Die Frequenz hängt von der Lichtenergie und der Kapazität des Speichers ab.

Was passiert?

Licht fällt auf das Solarmodul, dieses lädt mit seinem Strom den Elektrolytkondensator (Speicher) auf. Die Ladespannung im Elko steigt kontinuierlich an. Über dem Motor und dem Widerstand liegt die Blink-LED an der Plusspannung. Ab einem bestimmten Spannungs-Level fängt die Blink-LED an zu leiten und dann zu blinken. Damit fließt ein geringer Strom über den Motor und den Widerstand, und der Transistor 2N3906 erhält Basisstrom. Die Emitter-Kollektorstrecke wird leitend und schaltet den Transistor 2N3904 durch. Somit wird auch dessen Emitter-Kollektorstrecke leitend, und der Motor fängt an zu laufen. Über den 2,2-K-Widerstand wird der Basisstrom gehalten, d. h., der 2N3906 und damit auch der 2N3904 bleiben durchgeschaltet, der Motor läuft weiter bis der Elko entladen ist, bzw. aufgrund der niedrigen Spannungssituation die Transistoren nicht mehr durchgeschaltet bleiben.

Der Motor hört auf zu laufen, fast der komplette Ladestrom geht jetzt wieder in den Elko, bis die Blink-LED wieder zu blinken beginnt und sich der ganze Vorgang wiederholt.

Je nach Lichtenergie (Helligkeit) läuft so der Motor in kurzen oder längeren Abständen mit kürzeren oder längeren Pausen dazwischen. Wenn die Lichtquelle hell genug ist, fängt der Motor an zu laufen und läuft weiter (Dauerlauf). Dann hat die Elektronik den Anlaufwiderstand überwunden.

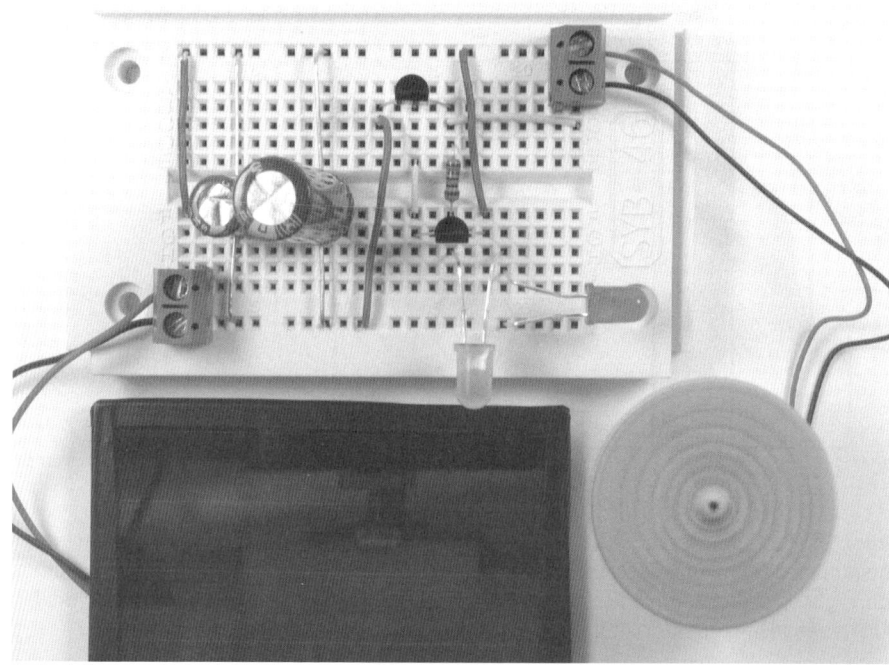

Abb. 5.9: Versuchsaufbau in Betrieb.

Mit dieser Grundschaltung können Sie viele weitere Versuche durchführen: Je nachdem, wie viel Lichtenergie vorhanden ist, führen die Varianten a) bis c) zu längeren Ladezeiten (höherer Ladespannung) und längeren Laufzeiten des Motors. Wenn nur wenig Lichtenergie vorhanden ist, reicht die Spannung des Solarmoduls nur für die Variante mit der Blink-LED.

	Einstecken in A +B (Abb. 5.8)	**Schaltspannung**	**Effekt**
a)	Blink-LED und rote LED in Reihe	Speicher lädt bis 3,7 V, dann dreht sich Motor	Motor dreht sich länger
b)	Blink-LED und Diode in Reihe	Speicher lädt bis ca. 2,5 V, dann dreht sich Motor	Motor dreht sich kurz
c)	Blink-LED, rote LED und Diode in Reihe	Speicher lädt bis ca. 4,5 V, dann dreht sich Motor	Motor dreht sich lang

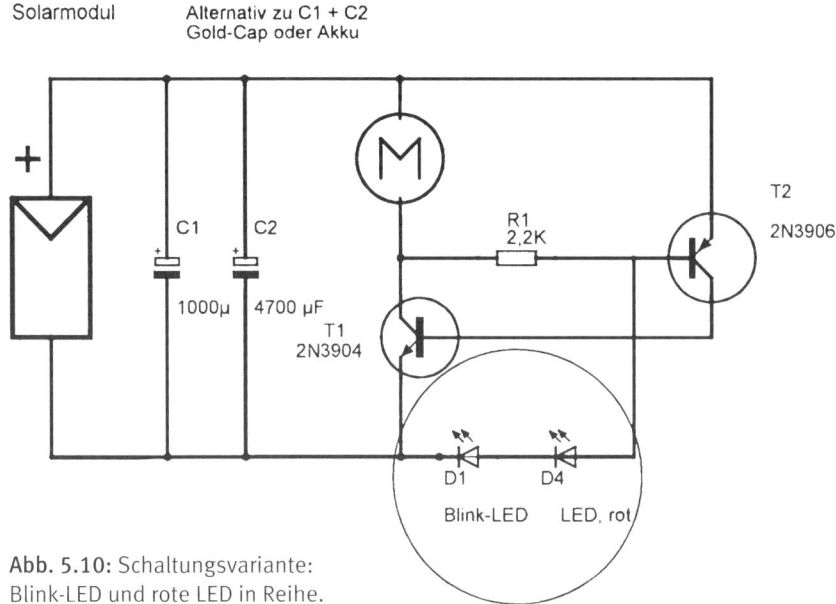

Abb. 5.10: Schaltungsvariante:
Blink-LED und rote LED in Reihe.

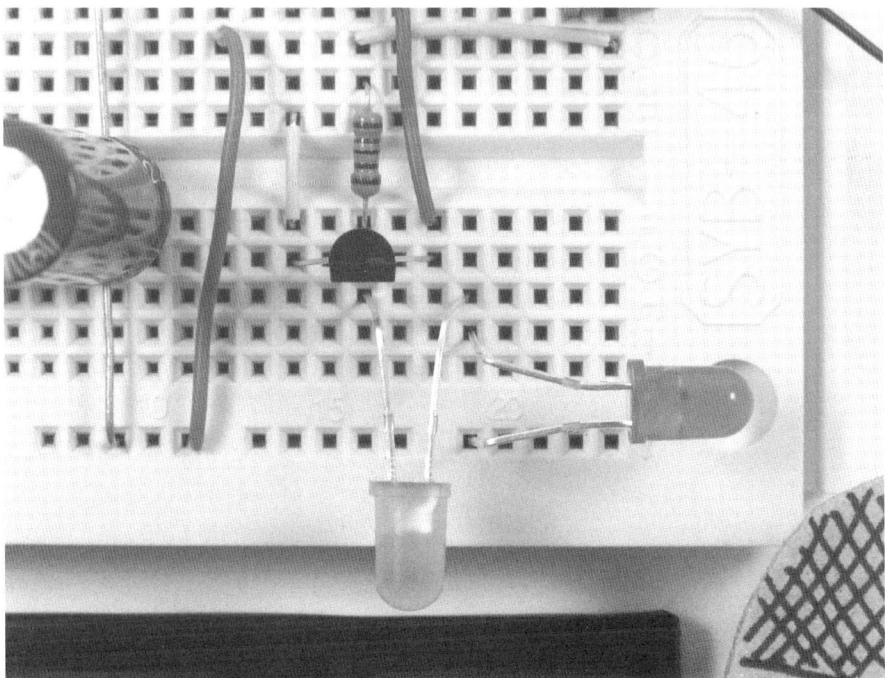

Abb. 5.11: Versuchsaufbau Blink-LED und eine LED (rot oder grün).

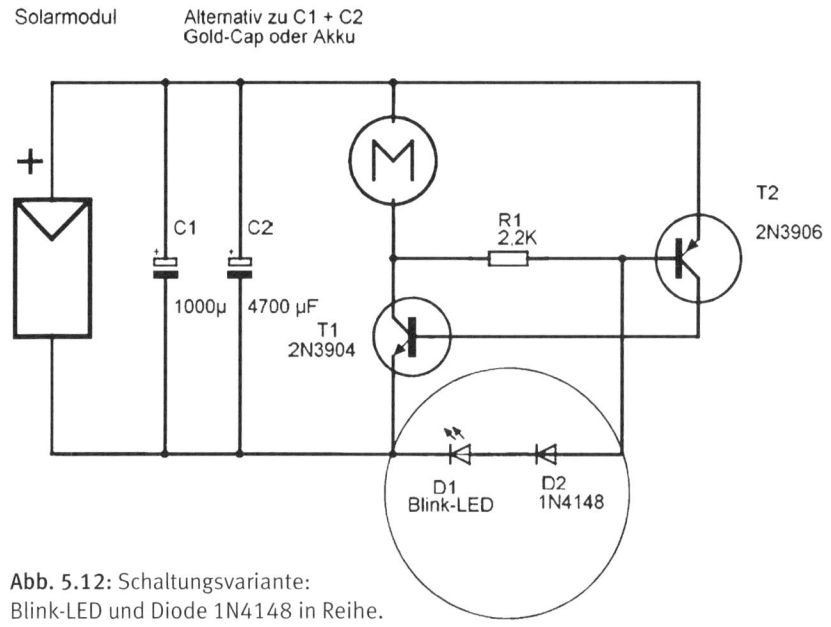

Abb. 5.12: Schaltungsvariante:
Blink-LED und Diode 1N4148 in Reihe.

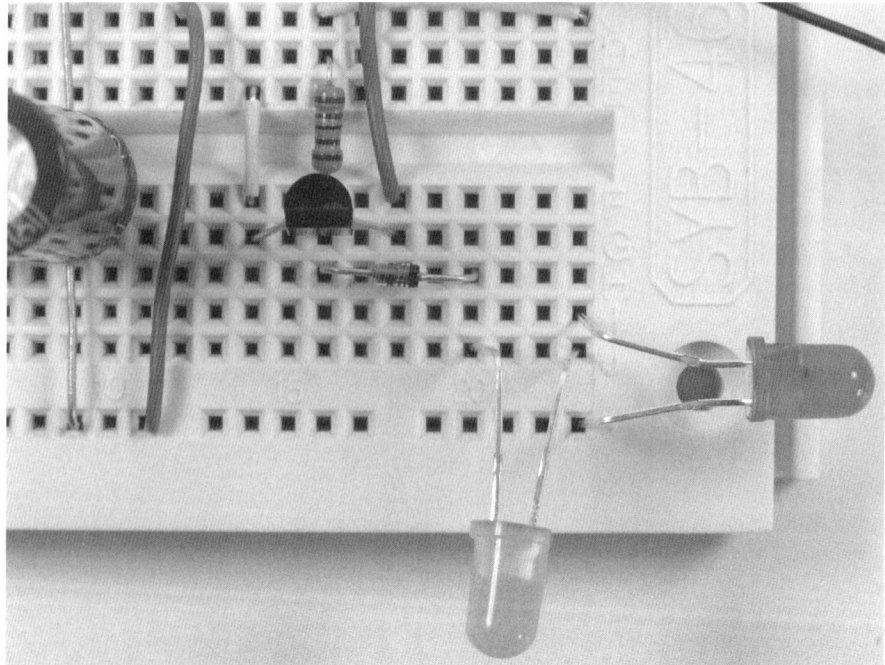

Abb. 5.13: Versuchsaufbau mit der Blink-LED, der Diode 1N4148 und einer weiteren LED
(rot oder grün).

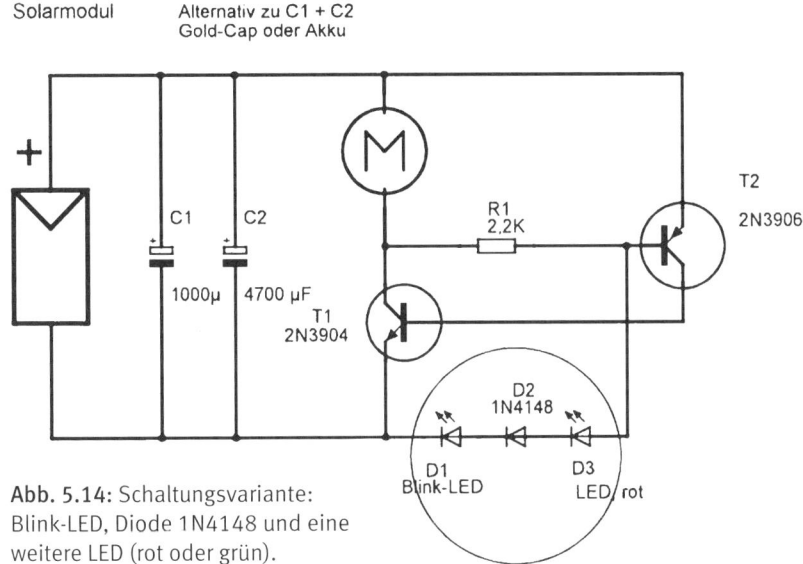

Abb. 5.14: Schaltungsvariante:
Blink-LED, Diode 1N4148 und eine
weitere LED (rot oder grün).

Wenn Sie den Experimentieraufbau vor Einbruch der Dämmerung beobachten, können Sie sehen, dass die Blink-LED einige Male blinkt, bevor sie den Transistor durch-
steuert. Das erste Mal kaum wahrnehmbar, das zweite Mal ein bisschen heller und das
dritte Mal hell, dann noch heller, und dann dreht sich die Motorachse. Der Grund:
Die Spannungshöhe im Speicherelko steigt in dieser Phase bis zum Schaltpunkt langsam an.

d) Besitzen Sie einen Multimeter, können Sie die Ladespannung des Elkos überwachen. Diese steigt langsam bis zu dem Punkt, an dem die komplette Ladung an den
Motor abgegeben wird.

e) Stecken Sie ein Röhrchen über die Blink-LED. Wenn Sie nun mit einer punktuellen
Lichtquelle (z. B. einer Taschenlampe) in das Röhrchen leuchten, wird der Motor
früher anfangen zu laufen. Die Blink-LED ist lichtempfindlich und deren Verhal-
ten ändert sich geringfügig bei direktem Lichteinfall.

f) Damit könnten Sie eine Solarfernsteuerung realisieren. Daher ist bei den ersten
Versuchen mit dieser Schaltung auch darauf zu achten, die LED zu beschatten, um
dadurch nicht unbeabsichtigte Effekte zu erhalten.

Die Speicherzeit und damit die Intervalle können durch die Kapazitäten des Elkos
beeinflusst werden. Je höher die Kapazität des Elkos, desto länger die Aufladezeit und
desto länger die Laufzeit des Motors. Je nach Anwendung der Schaltung ist es sinnvoll,
kürzer zu takten (z. B. bei einer sonnenangetriebenen Membranpumpe) oder länger
zu takten (z. B. bei einem Fahrmodell, bei dem der Motor die meiste Energie für die
Anlaufphase braucht). Die Schaltung eignet sich sehr gut in Verbindung mit Gold-
Caps.

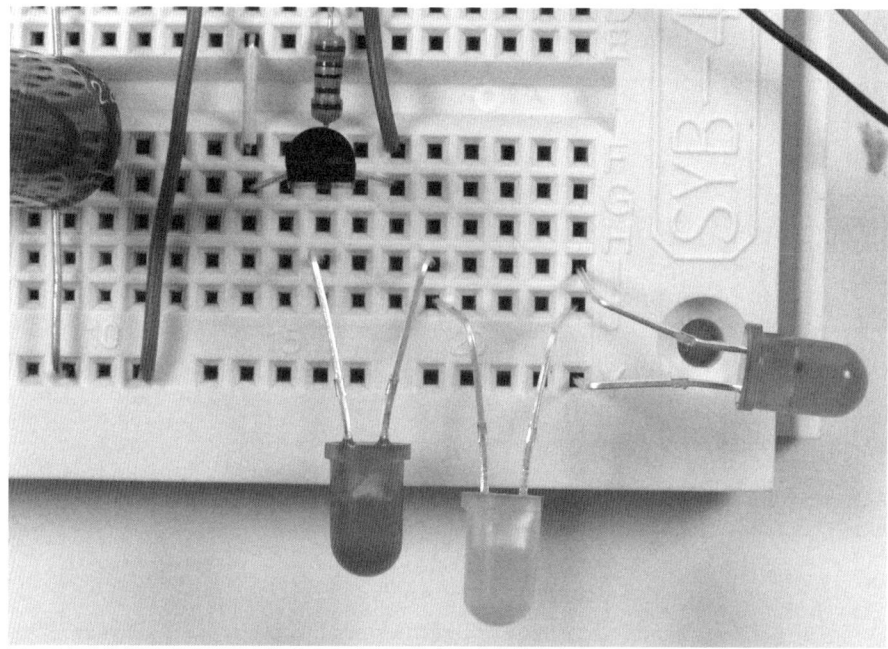

Abb. 5.15: Versuchsaufbau mit allen drei LEDs in Reihe.

Abb. 5.16: Solarbetriebenes Modell: Das Fahrzeug speichert zunächst über Minuten die Energie, um dann ca. 4–5 m am Stück zu fahren.

Anwendung im Alltag:
Die Anwendung eignet sich für alle Antriebe wie z. B. für Solarmodell-Fahrzeuge, die, sei es zu Land im Wasser und in der Luft, auch mit wenig Licht auskommen müssen.

5.2 Solarer Wasserstoff, Technologie mit Zukunft

Solarer Gleichstrom kann sehr gut dazu verwendet werden, um Flüssigkeiten aufzuspalten. Damit wird elektrische Energie in chemische Energie umgewandelt.

In den folgenden Experimenten können Sie mit einfachen Komponenten das Wasser in seine Einzelteile zerlegen.

5.2.1 Wasseraufspaltung

Versuchsaufbau: Solarmodul, Steckbrett, Schale, Wasser, Natron oder Kochsalz, evtl. LED

> **Hinweis:** Dieser Versuch funktioniert auch mit wenig Licht (bewölkter Himmel), die sichtbare Reaktion im Wasser wird bei voller Sonne oder starker Lichtquelle deutlicher.

Versuchsaufbau: Eine Schale mit Wasser und etwas zugesetztem Natron oder auch Kochsalz. Reines Wasser leitet den Strom sehr schlecht. Wird dem Wasser Natron zugesetzt, so entstehen bei der elektrischen Aufspaltung in der Hauptsache Sauerstoff und Wasserstoff. Wird Kochsalz verwendet, entsteht Sauerstoff und Chlorgas.

Als Elektroden verwenden Sie zwei Drähte aus dem Lernpaket, 10 bis 15 cm lang, die Enden etwa 2 cm abisoliert.

a) Ordnen Sie die blanken Enden der Drähte in der Schale unterhalb der Flüssigkeitsoberfläche senkrecht im maximalen Abstand nebeneinander an und fixieren Sie mit Klebestreifen einem Gummi oder einer Wäscheklammer an der Wasserschale, sodass sich die Drähte nicht direkt berühren. Durch die zwei Drähte als

Solarmodul

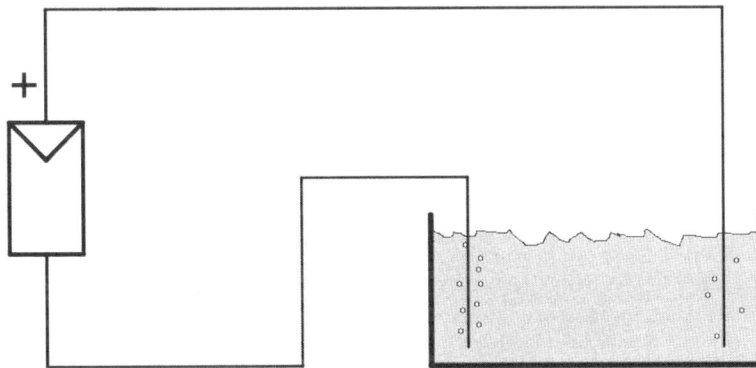

Abb. 5.17: Prinzipschaltbild zur Wasseraufspaltung.

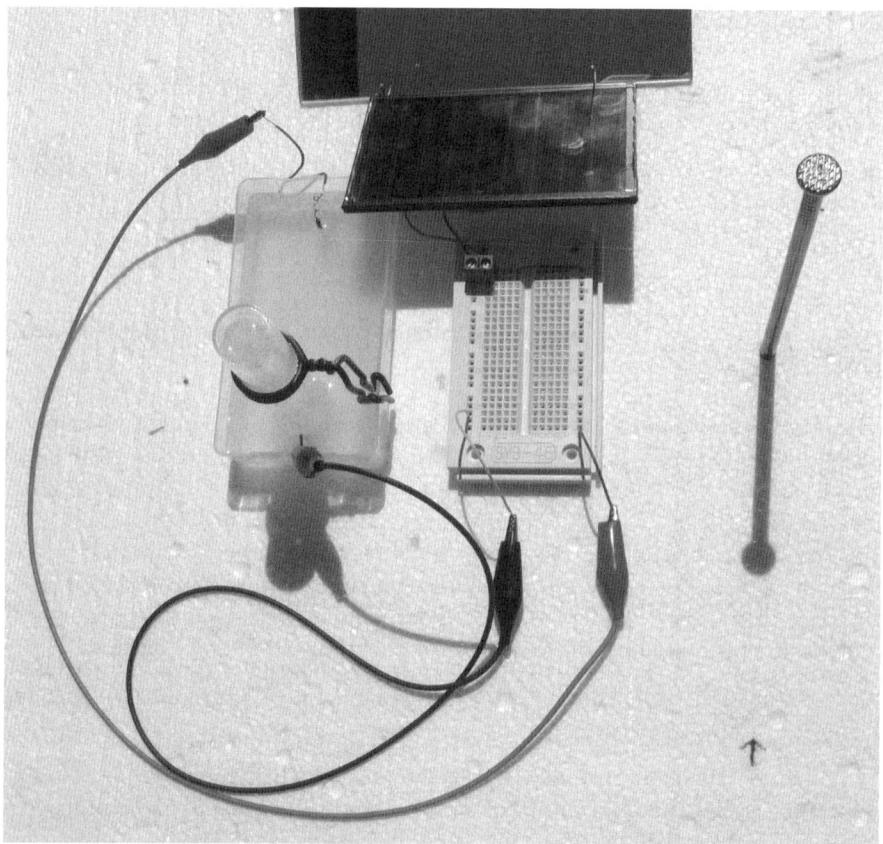

Abb. 5.18: Versuchsaufbau für die Wasseraufspaltung. Oben im Bild sehen Sie das Solarmodul. Links ist eine Plastikschale mit der Pluselektrode und unten die Minuselektrode in einem Tablettenröhrchen. Der Nagel dient zur optimalen Ausrichtung zur Sonne.

Elektroden wird der solare Gleichstrom in die Flüssigkeit geleitet (an den Elektroden entstehen durch die Elektrolyse Reaktionsprodukte aus den in der Flüssigkeit enthaltenen Stoffen).

Schließen Sie die Elektroden an das Solarmodul an. Wenn Sonnenstrahlen auf das Solarmodul scheinen, können Sie sehen, dass an den beiden Drahtenden in der Flüssigkeit Bläschen aufsteigen – am Minuspol etwa doppelt so viel wie am Pluspol.

b) Eine zusätzliche LED in Reihe zeigt den Stromfluss an. Da der Strom sehr gering ist, können Sie das schwache Leuchten der LED mehr oder weniger wahrnehmen.

Nach dem Experiment schneiden Sie die Drahtenden, die in der Flüssigkeit waren, ab und werfen sie weg.

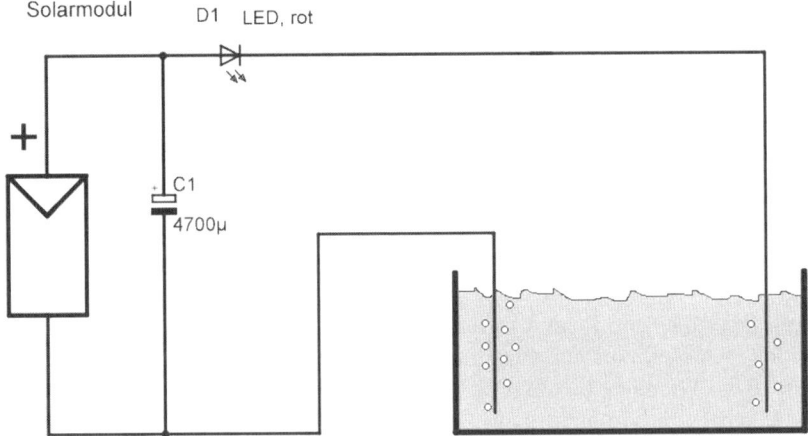

Abb. 5.19: Um den Stromfluss durch den Elektrolyten (Flüssigkeit) zu zeigen, wird eine LED in den Stromkreis eingefügt. Der zusätzliche Elko C1 ist für die Funktion der Schaltung nicht zwingend erforderlich, verbessert aber die Funktion ein wenig. Die LED reduziert den maximalen Strom auf ca. 15 bis 17 mA.

Hinweis:
Unter Elektrolyse (griechisch „mittels Elektrizität trennen") versteht man die Aufspaltung einer chemischen Verbindung unter Einwirkung des elektrischen Stroms. Bei der Elektrolyse wird elektrische in chemische Energie umgewandelt.

Sie haben nun das Prinzip der Elektrolyse kennengelernt.

Am Beispiel von Wasser können Sie sehen, dass die Formel von Wasser (H_2O) anzeigt, dass in Wasser im Verhältnis 2:1 sowohl Wasserstoff (H = Hydrogenium) als auch Sauerstoff (O = Oxygenium) enthalten sind. Daher steigen an der negativen Elektrode mehr Bläschen auf als an der positiven.

Anwendung im Alltag:
Wird dem Wasser Natron zugesetzt, entsteht an den Elektroden des Pluspols Sauerstoff und am Minuspol Wasserstoff. Wird Kochsalz verwendet, entsteht am Minuspol Chlorgas bzw. Chlorbleichlauge.

Der praktische Nutzen: Mithilfe der Solarenergie kann Wasserstoff und Sauerstoff aus Wasser hergestellt werden.

5.2.2 Solarer Wasserstoff

Versuchsaufbau: Solarmodul, Steckbrett, Schale, Wasser, Natron, Tablettenröhrchen oder Reagenzglas, Bleistiftmine, Streichholz, evtl. LED.

> **Hinweis:** Dieser Versuch funktioniert auch mit wenig Licht (bewölkter Himmel), die Geschwindigkeit der Wasserstoffproduktion ist bei voller Sonne oder starker Lichtquelle deutlich höher.

Machen Sie den Versuchsaufbau mit einem (durchsichtigem) Tablettenröhrchen oder einem Reagenzglas. Dann nehmen Sie eine Schale mit Wasser und einem Löffel voll Natron (diesmal bitte kein Kochsalz), das im Wasser aufgelöst wird. Wickeln Sie ein Stück Draht (schwarz) um das Glasröhrchen und stecken Sie nur das abisolierte Drahtende in das Röhrchen hinein. Das Tablettenröhrchen füllen Sie mit der Flüssigkeit aus der Schale und bringen es mit der Öffnung kopfüber unterhalb des Wasserspiegels in die Schale. Das andere Ende des schwarzen Drahts (Minuspol), das sich bereits im Tablettenröhrchen befindet, verbinden Sie mit dem Minuspol des Solarmoduls. Mit einem abisolierten Drahtende (rotes Drahtstück) umwickeln Sie nun das Ende einer Grafitmine (eines Bleistiftes) und legen die Grafitmine in die Flüssigkeit (der Draht bleibt außerhalb). Das andere Ende dieses Drahts verbinden Sie mit dem Pluspol des Solarmoduls.

Wenn nun Licht auf das Solarmodul fällt, können Sie beobachten, dass sich das aufsteigende Gas im Röhrchen sammelt und die darin befindliche Flüssigkeit nach und nach verdrängt.

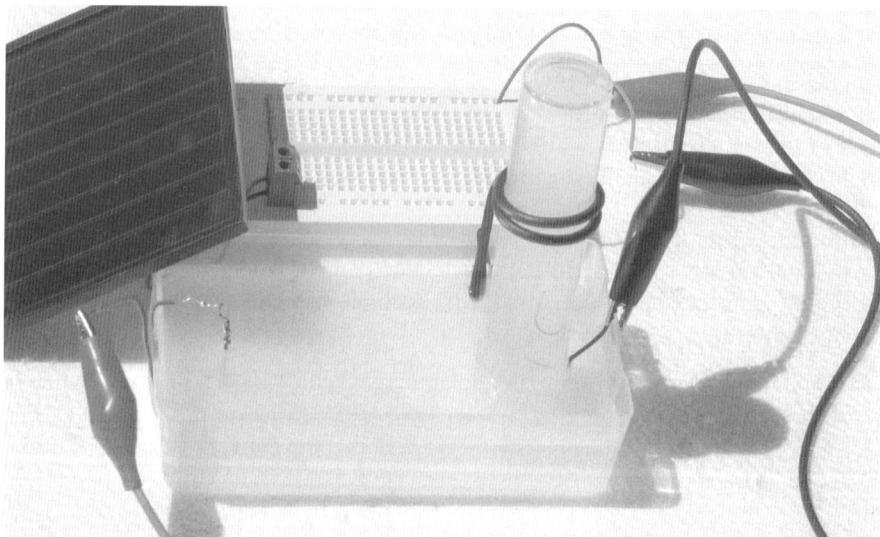

Abb. 5.20: Gefäß mit dem in Wasser gelösten Natron und den Elektroden: links der Pluspol und rechts der Minuspol.

Wenn die Flüssigkeit völlig aus dem Gläschen verdrängt wurde (das kann ein paar Stunden oder ein Tag dauern), verschließen Sie es – das Gläschen immer noch unter Wasser haltend – und heben es, noch immer mit dem Daumen verschlossen und der Öffnung nach unten, vorsichtig aus der Schale heraus.

Halten Sie nun ein brennendes Streichholz oder ein entzündetes Feuerzeug in die Nähe der Öffnung und geben diese frei. Mit einer kaum sichtbaren blauen Flamme und einem schwachem, dumpfem „Puff" verbrennt das Gas. Sie haben selbst Wasserstoff hergestellt!

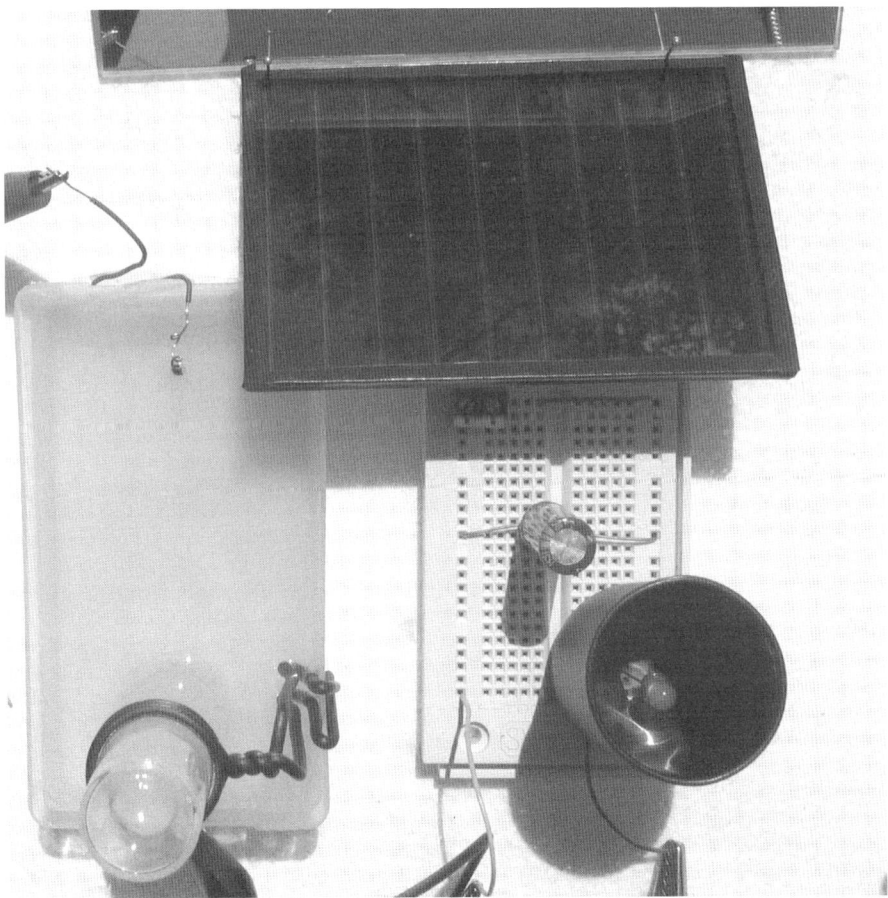

Abb. 5.21: Versuchsaufbau Wasserstofferzeugung. Im Steckbrett sind ein Elko und eine LED eingesteckt. Über die LED wurde, zum besseren Erkennen, ein Röhrchen gestülpt. Wie im Text beschrieben kann der Experimentieraufbau variiert werden: mit LED, mit Blink-LED und ohne LED. Der Elko ist sinnvoll bei geringerer Sonnenstrahlung in Verbindung mit der Blink-LED.

Abb. 5.22: Das Wasserstoff- Gas in dem Tablettenröhrchen (Minuselektrode) verdrängt die Flüssigkeit.

Abb. 5.23: An der Pluselektrode steigen ebenfalls Gasbläschen auf. Hier entsteht Sauerstoff.

Anwendung im Alltag:
Solar hergestellter Wasserstoff lässt sich nahezu verlustfrei speichern und mit gutem Wirkungsgrad wieder in elektrische Energie umwandeln. In naher Zukunft werden viele mobile Energiesysteme nicht mehr mit Akkus, sondern mit Wasserstoff und Brennstoffzellen ausgestattet sein.

5.2.3 Gepulster Solarstrom

Versuchsaufbau: Solarmodul, Steckbrett, Schale, Wasser, Natron, Bleistiftmine, Streichholz, Blink-LED.

Hinweis: Dieser Versuch funktioniert auch mit wenig Licht (bewölkter Himmel), die Geschwindigkeit der Wasserstoffproduktion ist bei voller Sonne oder starker Lichtquelle deutlich höher.

Wissenschaftler experimentieren immer wieder mit hochfrequenten und gepulsten Gleichströmen. Angeblich soll der Wirkungsgrad, mit dem der zugeführte Strom das Wasser in Wasserstoff und Sauerstoff aufspaltet, durch die „Qualität" des Stroms verbessert werden können.

Mit dem Lernpaket können Sie folgende Schaltung aufbauen und damit gepulsten Strom in die Versuchsanordnung eingeben. Bei gleichen Lichtenergiebedingungen und Zeitumfang können Sie nun selbst vergleichen, bei welcher Versuchsanordnung mehr Wasserstoffgas zustande kommt, bzw. ob Sie weitere Unterschiede feststellen können.

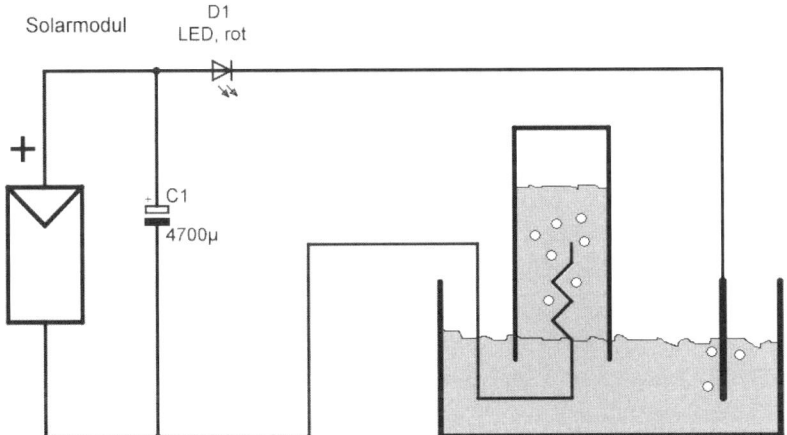

Abb. 5.24: Schaltbild für die Wasserstofferzeugung. Wird anstelle der LED, D1, eine Blink-LED in das Steckbrett installiert, so findet die Wasserstofferzeugung mit gepulstem Gleich-strom statt.

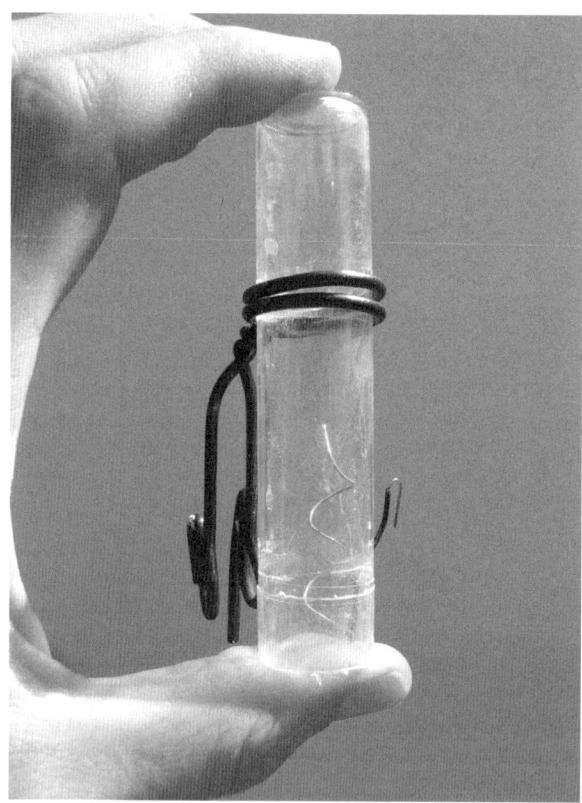

Abb. 5.25: Der im Röhrchen befindliche Wasserstoff kann mit einem Streichholz oder Feuerzeug entzündet werden.

Anwendung im Alltag:

Die Elektrolyse mit zunehmend guten Wirkungsgraden bei Stoffumwandlungen könnte mit erneuerbaren Energien zu einem synergetischen (zusammenwirkenden) Zukunftsverfahren für die Menschheit werden, um sich langfristig ausreichend Energie zu verschaffen. Im Gegensatz zur Verbrennung fossiler, endlicher Rohstoffreserven (Erdöl und Erdgas) lässt sich diese Energie, solange die Sonne scheint, ohne Limit verwenden.

6 Bauteile des Lernpakets Solartechnik

Die im Lernpaket zusammengestellten Teile sind im Folgenden aufgeführt. Für den Fall, dass Sie das Buch ohne Lernpaket gekauft haben, können Sie die Teile mithilfe der Liste auch selbst besorgen.

Teil	Bezeichnung	Typ	Anzahl
Solarmodul	amorph	6,0 V 35 mA	1
Labor-Experimentierplatine	Steckbrett	SYB 46, 270 Kontakte	1
Transistor NPN	T1	2N3904	1
Transistor PNP	T2	2N3906	1
Diode	D1	1N4148	1
LED	LED 1	5 mm, grün	1
LED	LED 2	5 mm, rot	1
Blink-LED	LED 3	rot, diffus	1
Elektrolytkondensator	C1	4.700 µF, 6,3 V, oder höher	1
Elektrolytkondensator	C2	1.000 µF, 6,3 V, oder höher	1
Elektrolytkondensator	C3	100 µ, 6,3 V, oder höher	1
Widerstand	R1	100 K, 1/8 W	1
Widerstand	R2	2,2 K, 1/8 W	1
Widerstand	R3	1 K, 1/8 W	1
Motor	M1	Anlaufstrom 20 mA	1
Schaltdraht	rot	0,6 mm	0,4 m
Schaltdraht	schwarz	0,6 mm	0,4 m
Schaltdraht	grün	0,6 mm	0.6 m
Krokoklemmen mit Leitung	rot		2
Krokoklemmen mit Leitung	schwarz		2

Bezugsquellen Elektronikbauteile:

Branche	Firma, Ort	Telefon	Fax	Homepage
Solarmodul Solarmotor Bausätze	AK MODUL – BUS Computer GmbH 48477 Hörstel	(0 54 54) 9 34 36 36	(0 54 54) 9 34 36 37	www.ak-modulbus.de www.elexs.de
Elektronik	Conrad Electronic GmbH 92240 Hirschau	(0 96 04) 40 89 88	(0 96 04) 40 89 36	www.conrad.biz.de
Elektronische Bauelemente	Oppermann 31593 Steyerberg	(0 57 64) 21 49	(0 57 64) 17 07	www.oppermann-electronic.de
Elektronische Bauelemente	Reichelt Electronik 26452 Sande	(0 44 22) 95 53 33	(0 44 22) 95 51 11	www.reichelt.de www.segor.de
Restposten	Pollin electronic GmbH 85102 Pförring	(0 84 03) 9 20-9 20	(0 84 03) 9 20-1 23	www.pollin.de

7 Anhang: Literatur

Hat das Buch Ihr Interesse für die Solarenergie geweckt und angeregt oder möchten Sie sich endlich Ihre eigene Solaranlage aufbauen, können Sie im Bereich der Solarenergie beim Franzis-Verlag weitergehende Literatur erhalten:

- **Photovoltaik Solaranlagen**
  Für Alt- und Neubauten selbst installieren
  Franzis-Verlag „Do it yourself" Band Nr. 16

- **Thermische Solaranlagen**
  Für Alt- und Neubauten selbst planen und installieren
  Franzis-Verlag „Do it yourself" Band Nr. 17

In beiden Büchern finden Sie die Schritt-für-Schritt-Beschreibung der Planung und Installation Ihrer Solaranlage. Mit vielen Abbildungen und Zeichnungen zeigt Ihnen der Autor praktisch, wie Sie selbst Hand anlegen können. Sie finden Beschreibungen der meisten Solaranlagensysteme und Tipps. Neben einer ausführlichen Darstellung der Technik werden auch interessante Gestaltungsmöglichkeiten für die Solaranlage aufgezeigt.

8 Anhang: Prüfen von Bauteilen und Problembehebung

Durch die niedrigen, automatisch begrenzten Ströme der Stromversorgung durch das Solarmodul, gehen nur selten Bauteile kaputt. Das kann aber passieren, wenn z. B. eine LED direkt am voll besonnten Solarmodul ohne Vorwiderstand angeschlossen wird. Aber man kann auch die Transistoren falsch anschließen (E, B, K) – dann funktioniert die Schaltung natürlich nicht. Wenn man dann den Fehler einsieht und korrigiert hat, nehmen die Transistoren meist ohne Schaden ihren Dienst wieder auf. Trotzdem ist es zur Sicherheit manchmal ganz gut, eine Kontrollmöglichkeit zu haben, ob Bauteile funktionieren oder defekt sind.

Wichtig ist eine gute Kontaktierung der Drähte im Steckbrett. Manchmal steckt der Anschlussdraht eines Bauteils oder eines Verbindungsdrahts nicht weit genug in den Kontaktleisten, und so kann die Schaltung natürlich nicht funktionieren.

8.1 Prüfen von Leuchtdioden

Leuchtet die LED nicht, liegt es manchmal daran, dass die Anschlussdrähte falsch herum verbunden wurden. Wird die LED versehentlich ohne Vorwiderstand direkt am voll besonnten Solarmodul oder am voll aufgeladenen Elko angeschlossen, gibt es einen kurzen Blitz, und die LED ist hin. Bei den normalen LEDs ist das nicht so schlimm, immerhin gibt es eine grüne und eine rote, die zur Not gegenseitig als Ersatz dienen können. Ist die Blink-LED kaputt, sollte sie ersetzt werden, um die Experimente fortführen zu können.

Um eine LED zu testen, können Sie mit dem Steckbrett folgende Schaltung aufbauen:

Experimentieraufbau:
Solarmodul, Steckbrett, Vorwiderstand 1K, zu testende LED.

> **Hinweis:** Dieser Versuch funktioniert am besten mit einer punktuellen Lichtquelle wie z. B. einer Schreibtischlampe, aber auch bei klarem oder leicht bewölktem Himmel. So sind auch die LEDs als leuchtend zu erkennen.

Schließen Sie das Solarmodul über die Klemmverschraubung an das Steckbrett an. Verbinden Sie die Pluspol-Schiene über einen 1-K-Widerstand (LED-Vorwiderstand) mit der einen Fünferreihe (Kontakte im Steckbrett) und die Minuspolschiene mit einem Stück Draht mit einer weiteren Fünferreihe.

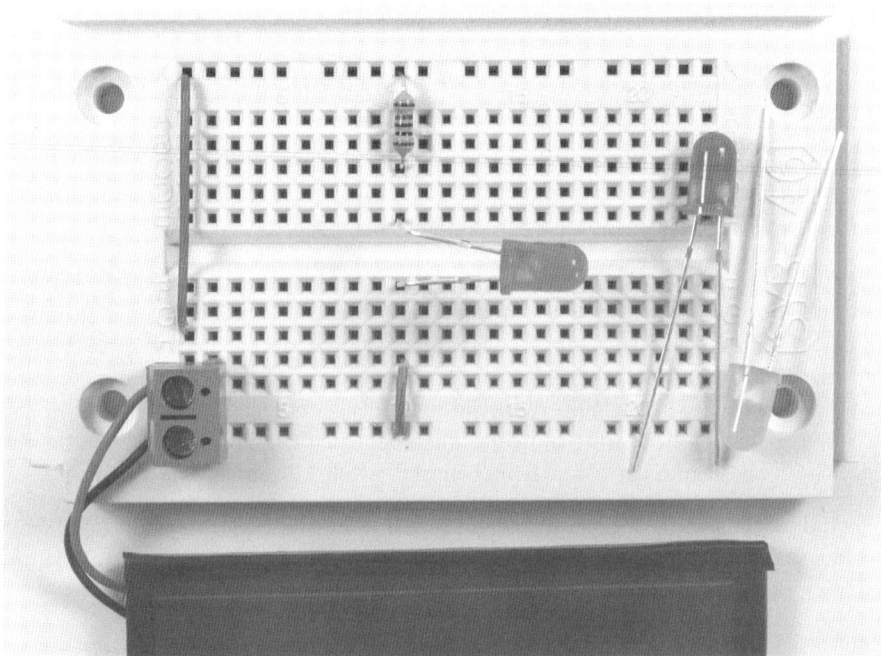

Abb. 8.1: Aufbau; Stecken Sie nacheinander die LEDs in das Steckbrett. Der längere Anschlussdraht der LED ist der Pluspol. Funktioniert keine der LEDs (grüne, die rote und die Blink-LED), stimmt etwas nicht am Schaltungsaufbau oder die LEDs wurden alle falsch herum eingesetzt. Ist der Schaltungsaufbau in Ordnung, die LEDs wurden richtig herum eingesteckt und eine der LEDs leuchtet nicht, so ist diese defekt und sollte ersetzt werden.

Solarmodul   LED-Vorwiderstand   LED- Prüflinge

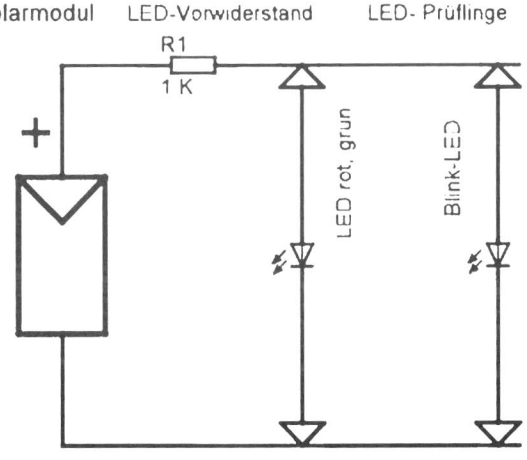

Abb. 8.2: Testschaltung LED. Um die Funktion der Testschaltung zu testen, zuerst alle verfügbaren LEDs einstecken. Als Nächstes die zu prüfende, verdächtige LED einstecken.

8.2 Prüfschaltung für Transistoren

Manchmal hat man das Gefühl, die Schaltung funktioniert nicht, weil vermutlich einer oder sogar beide Transistoren defekt sind.

Bei den Transistoren handelt es sich um zwei verschiedene Typen, die sich gegenseitig nicht ersetzen können. Der eine mit der Bezeichnung 2N 3904 ist ein NPN-Transistor, der andere mit der Bezeichnung 2N 3906 ist ein PNP-Typ.

Überprüfen Sie also zuerst, ob der richtige Typ an der richtigen Stelle sitzt. Danach kontrollieren Sie, ob die Beinchen korrekt angeschlossen sind. Die Basis sitzt immer in der Mitte, das lässt sich einfach überprüfen. Emitter und Kollektor sitzen außen. Jetzt kommt es darauf an, ob Sie den Transistor von vorne (flache Seite) oder von hinten (gewölbte Seite) betrachten. Wenn Sie auf die Typenbezeichnung der Transistoren schauen (Beinchen nach unten), ist das linke Beinchen der Emitteranschluss, in der Mitte ist die Basis und das rechte Beinchen ist der Kollektoranschluss.

Wenn diese Tatsachen überprüft und geklärt sind, ist meist alles in Ordnung. Wenn nicht, erhalten Sie nachfolgend eine Möglichkeit, die Funktion der Transistoren grob zu überprüfen. Dazu brauchen Sie allerdings funktionierende LEDs.

Zeigt sich, dass ein Transistor defekt ist, so brauchen Sie Ersatz.

8.2.1 Transistortester für den NPN-Typ

Versuchsaufbau: Solarmodul, Steckbrett, Elko 4.700 µF, Widerstand 100 K, Widerstand 1K, LED rot, Drahttaster, Transistorprüfling NPN.

> **Hinweis:** Dieser Versuch funktioniert am besten mit einer punktuellen Lichtquelle wie z. B. einer Schreibtischlampe, aber auch bei klarem oder leicht bewölktem Himmel. So sind auch die LEDs als leuchtend zu erkennen.

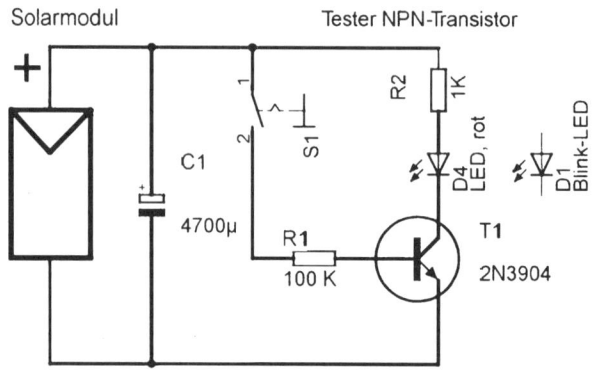

Abb. 8.3: Schaltplan Transistortester, NPN. Beim Schließen des Drahttasters erhält der Prüfling Basisstrom. Damit sollte die Kollektor-Emitterstrecke durchgesteuert werden und die LED leuchten.

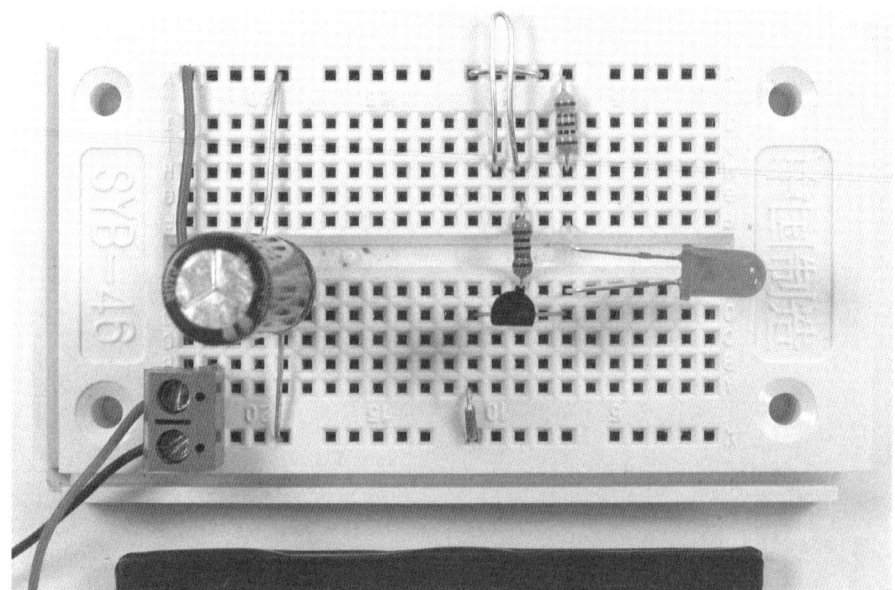

Abb. 8.4: Steckbrettaufbau Transistortester, NPN. Wenn der Drahttaster S1 zum Pluspol hin geschlossen wird, so sollte die LED leuchten, ansonsten ist der Transistor kaputt.

8.2.2 Transistortester für PNP-Typ

Versuchsaufbau: Solarmodul, Steckbrett, Elko 4.700 µF, Widerstand 100 K, Widerstand 1K, LED rot, Drahttaster, Transistorprüfling PNP.

> **Hinweis:** Dieser Versuch funktioniert am besten mit einer punktuellen Lichtquelle wie z. B. einer Schreibtischlampe, aber auch bei klarem oder leicht bewölktem Himmel. So sind auch die LEDs als leuchtend zu erkennen.

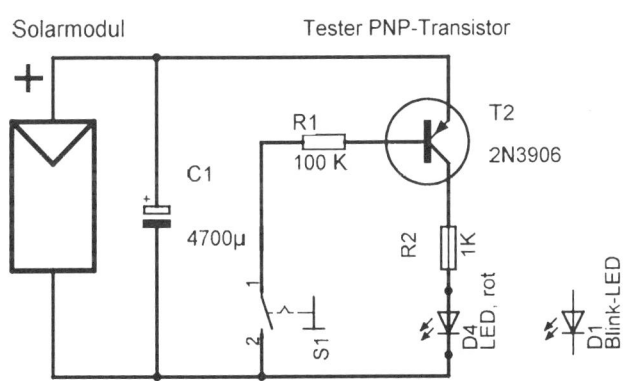

Abb. 8.5: Schaltplan Transistortester, PNP. Beim Schließen des Drahttasters erhält der Prüfling Basisstrom. Damit sollte die Kollektor-Emitterstrecke durchgesteuert werden und die LED leuchten.

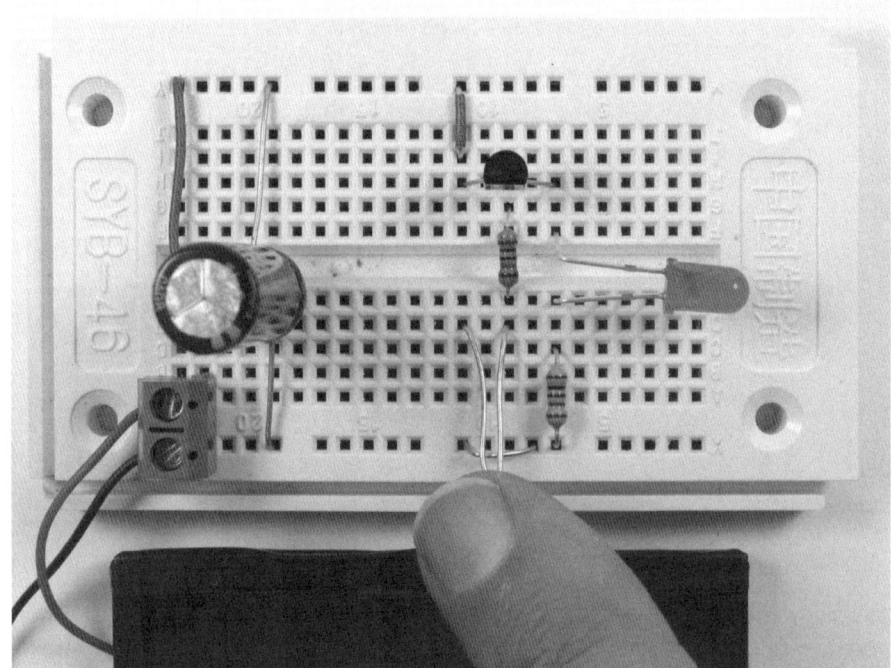

Abb. 8.6: Steckbrettaufbau Transistortester, PNP. Wenn der Drahttaster S1 zum Minuspol hin geschlossen wird, sollte die LED leuchten, ansonsten ist der Transistor kaputt.

Auch hier kann die Funktion des Transistors durch die Prüfschaltung herausgefunden werden. Bei einem intakten Transistor und nach Drücken des Tasters sollte die LED leuchten.

8.3 Troubleshooting

Funktioniert eine von Ihnen auf dem Steckbrett aufgebaute Schaltung nicht wie gewünscht, sollten Sie folgende Schritte vorzunehmen:

- Tut sich nach Aufbau der Schaltung gar nichts, klemmen Sie zuerst die Stromversorgung (das Solarmodul) ab. Nun prüfen Sie alles nochmals genau nach: Stimmen die Polaritäten (Plus- und Minuspole), gibt es vielleicht ein nicht richtig oder zu wenig in das Steckbrett eingestecktes Bauteil, sind die Transistoren mit Emitter, Basis und Kollektor richtig angeschlossen?
- Haben die Kabelanschlüsse von Solarmodul und Motor Kontakt in den Klemmverschraubungen? Solarmodul z. B. Zungentest.

- Sind die Bauteile wie z. B. die LEDs polungsrichtig eingesteckt? Der längere Anschlussdraht ist der Pluspol. Bei Elektrolytkondensatoren ist auch der längere Anschlussdraht der Pluspol, zusätzlich befindet sich am Gehäuse beim Minuspol ein Minuszeichen.
- Ist die Diode richtig angeschlossen? Der Strich auf dem Glaskörper ist die Kathode.
- Sind die Transistoren typenmäßig richtig verwendet? Der 2N3904 ist ein NPN-Transistor. Im Schaltplan ist der Emitterpfeil nach außen zum Kreis hin gerichtet. Beim 2N3906 ist im Schaltplan der Emitterpfeil zum Querstrich im Kreis hin gerichtet. Hier handelt es sich um einen PNP-Transistor. Wenn Sie auf die Typenbezeichnung der Transistoren schauen (Beinchen nach unten), ist das linke Beinchen der Emitteranschluss, in der Mitte ist die Basis und das rechte Beinchen ist der Kollektoranschluss.
- Funktioniert die Schaltung, aber das Ergebnis ist unbefriedigend? Dann stellen Sie sich die Frage, ob überhaupt genug Lichtenergie vorhanden ist. Beachten Sie bitte auch die Hinweise zur Bestrahlungsintensität bei jedem Versuch. Für den ersten Probelauf in Verbindung mit dem Motor ist es gut, volle Sonnenenergie oder eine Leuchte mit einer 60, besser 100-W-Glühbirne zu verwenden. Energiespar- und Leuchtstofflampen haben zu wenig Energie und ein eher ungünstiges Spektrum für das Solarmodul. Halogenlampen scheinen zwar hell zu sein, haben aber oft nur 20 W pro Leuchte und das ist im Vergleich zur Sonne zu wenig. Zur Erinnerung: Die Sonne bringt 900 bis 1.200 W/m² an Strahlungsenergie auf die Erdoberfläche. Ein Halogenscheinwerfer mit 300–500 W geht, aber nur dann, wenn genügend Abstand von mind. 2 m eingehalten wird (Hitzeproblematik).
- Wird beim Betrieb des Solarmoduls unter Kunstlicht nur ein Teilbereich des Moduls beleuchtet, ist die Leistung ungenügend (siehe auch Kapitel 2.9, Teilbeschattung).
- Haben Sie keinen Fehler gefunden und eine ausreichende Lichtquelle ist vorhanden, dann ist die Schaltung, beginnend beim Solarmodul, weiter zum Speicherkondensator bis zu den weiteren Komponenten auf fehlerhafte Verdrahtung durchzuschauen. Möglicherweise wurde auch ein Bauteil oder eine Drahtbrücke vergessen?
- Grundsätzlicher Vorteil beim Umgang mit dem Solarmodul ist, dass durch die geringen Stromstärken und Spannungen falsche Verschaltungen und Kurzschlüsse meist ohne Konsequenzen für die Komponenten bleiben.

Stichwortverzeichnis